JN038546

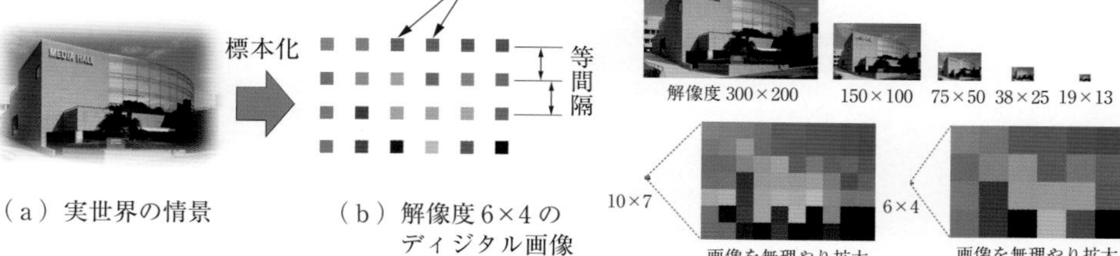

（a）実世界の情景

（b）解像度 6×4 の
ディジタル画像

口絵 1　ディジタル画像の標本化の概念図
（本文 16 ページ，図 2.3）

口絵 2　標本化の粗さの違い
（本文 17 ページ，図 2.4）

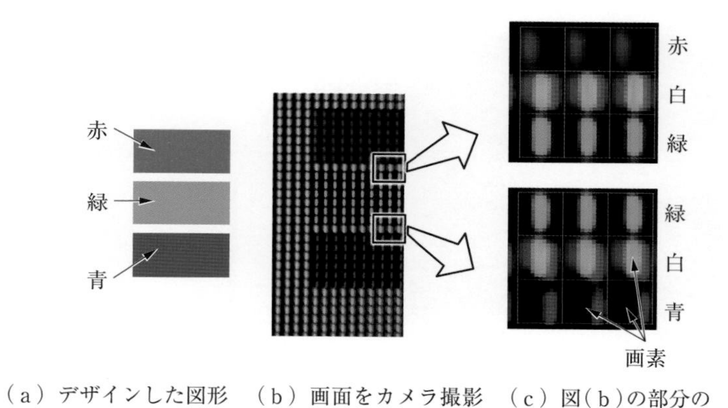

（a）デザインした図形
（実寸幅は数ミリ）

（b）画面をカメラ撮影
した結果(一部拡大)

（c）図（b）の部分の
拡大図

口絵 3　液晶画面の色を調べた結果
（本文 19 ページ，図 2.7）

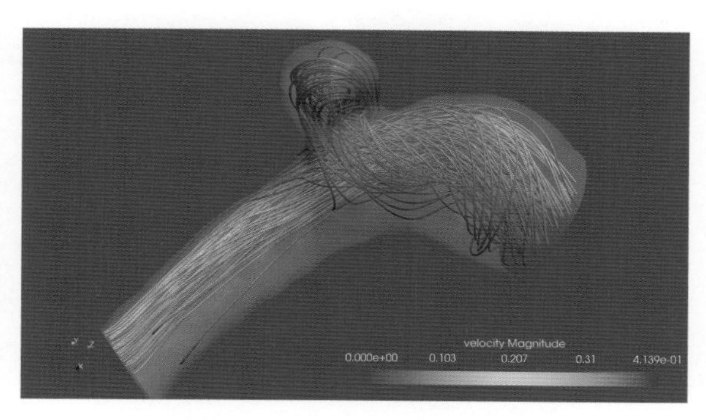

口絵 4　動脈瘤付近の血管における血流の可視化結果
〔提供：竹島由里子〕（本文 53 ページ，図 4.5）

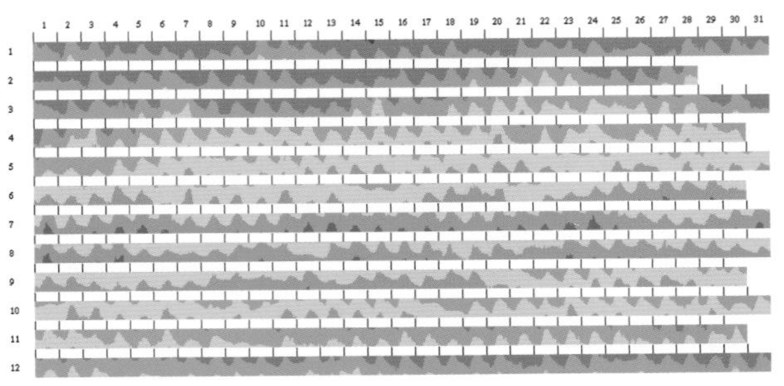

口絵 5　東京の 1 年間の気温変化の可視化例〔提供：斎藤隆文〕
（本文 54 ページ，図 4.6）

口絵 6　AR を使ったゲームの例
（本文 60 ページ，図 5.3）

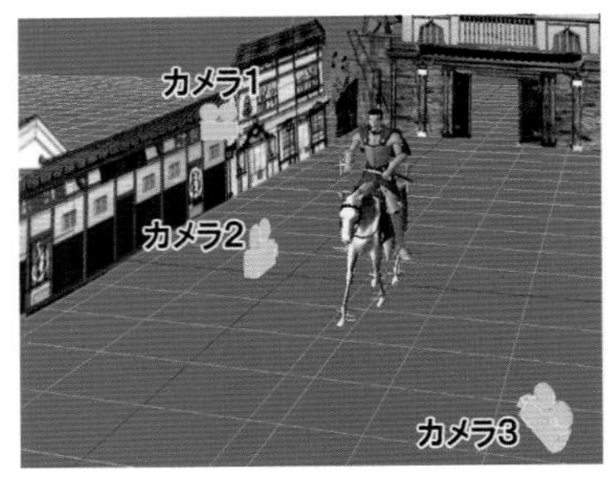

口絵 7　CG の概念図〔提供：東京工科大学クリエイティブラボ〕(本文 91 ページ, 図 8.3)

（a）クローズアップショット

（b）ミディアムショット

（c）フルショット

（d）ロングショット

口絵 8　ショットサイズの例[6]〔出典:「入門 CG デザイン—改訂新版—」(CG-ARTS)〕
（本文 92 ページ，図 8.4）

メディア学大系

1

改訂
メディア学入門

柿本 正憲
大淵 康成
進藤 美希
三上 浩司
共著

コロナ社

「メディア学大系」刊行に寄せて

ラテン語の“メディア（中間・仲立ち）”という言葉は，16 世紀後期の社会で使われ始め，20 世紀前期には人間のコミュニケーションを助ける新聞・雑誌・ラジオ・テレビが代表する“マスメディア”を意味するようになった。また，20 世紀後期の情報通信技術の著しい発展によってメディアは社会変革の原動力に不可欠な存在までに押し上げられた。著名なメディア論者マーシャル・マクルーハンは彼の著書『メディア論—人間の拡張の諸相』（栗原・河本訳，みすず書房，1987 年）のなかで，“メディアは人間の外部環境のすべてで，人間拡張の技術であり，われわれのすみからすみまで変えてしまう。人類の歴史はメディアの交替の歴史ともいえ，メディアの作用に関する知識なしには，社会と文化の変動を理解することはできない”と示唆している。

このように未来社会におけるメディアの発展とその重要な役割は多くの学者が指摘するところであるが，大学教育の対象としての「メディア学」の体系化は進んでいない。東京工科大学は理工系の大学であるが，その特色を活かしてメディア学の一端を学部レベルで教育・研究する学部を創設することを検討し，1999 年 4 月世に先駆けて「メディア学部」を開設した。ここでいう，メディアとは「人間の意思や感情の創出・表現・認識・知覚・理解・記憶・伝達・利用といった人間の知的コミュニケーションの基本的な機能を支援し，助長する媒体あるいは手段」と広義にとらえている。このような多様かつ進化する高度な学術対象を取り扱うためには，従来の個別学問だけで対応することは困難で，諸学問横断的なアプローチが必須と考え，学部内に専門的な科目群（コア）を設けた。その一つ目はメディアの高度な機能と未来のメディアを開拓するための工学的な領域「メディア技術コア」，二つ目は意思・感情の豊かな表現力と秘められた発想力の発掘を目指す芸術学的な領域「メディア表現コア」，三つ目は新しい社会メディアシステムの開発ならびに健全で快適な社会の創造に寄与する人文社会学的な領域「メディア環境コア」である。

「文・理・芸」融合のメディア学部は創立から13年の間，メディア学の体系化に試行錯誤の連続であったが，その経験を通して，メディア学は21世紀の学術・産業・社会・生活のあらゆる面に計り知れない大きなインパクトを与え，学問分野でも重要な位置を占めることを知った。また，メディアに関する学術的な基礎を確立する見通しもつき，歴年の願いであった「メディア学大系」の教科書シリーズ全10巻を刊行することになった。

2016年，メディア学の普及と進歩は目覚ましく，「メディア学大系」もさらに増強が必要になった。この度，視聴覚情報の新たな取り扱いの進歩に対応するため，さらに5巻を刊行することにした。

2017年に至り，メディアの高度化に伴い，それを支える基礎学問の充実が必要になった。そこで，数学，物理，アルゴリズム，データ解析の分野において，メディア学全体の基礎となる教科書4巻を刊行することにした。メディア学に直結した視点で執筆し，理解しやすいように心がけている。また，発展を続けるメディア分野に対応するため，さらに「メディア学大系」を充実させることを計画している。

この「メディア学大系」の教科書シリーズは，特にメディア技術・メディア芸術・メディア環境に興味をもつ学生には基礎的な教科書になり，メディアエキスパートを志す諸氏には本格的なメディア学への橋渡しの役割を果たすと確信している。この教科書シリーズを通して「メディア学」という新しい学問の台頭を感じとっていただければ幸いである。

2020年1月

東京工科大学
　メディア学部　初代学部長
　前学長

相磯秀夫

「メディア学大系」の使い方

メディア学は，工学・社会科学・芸術などの幅広い分野を包摂する学問である。これらの分野を，情報技術を用いた人から人への情報伝達という観点で横断的に捉えることで，メディア学という学問の独自性が生まれる。「メディア学大系」では，こうしたメディア学の視座を保ちつつ，各分野の特徴に応じた分冊を提供している。

第1巻『改訂メディア学入門』では，技術・表現・環境という言葉で表されるメディアの特徴から，メディア学の全体像を概観し，さらなる学びへの道筋を示している。

第2巻『CGとゲームの技術』，第3巻『コンテンツクリエーション（改訂版)』は，ゲームやアニメ，CGなどのコンテンツの創作分野に関連した内容となっている。

第4巻『マルチモーダルインタラクション』，第5巻『人とコンピュータの関わり』は，インタラクティブな情報伝達の仕組みを扱う分野である。

第6巻『教育メディア』，第7巻『コミュニティメディア』は，社会におけるメディアの役割と，その活用方法について解説している。

第8巻『ICTビジネス』，第9巻『ミュージックメディア』は，産業におけるメディア活用に着目し，経済的な視点も加えたメディア論である。

第10巻『メディアICT（改訂版)』は，ここまでに紹介した各分野を扱う際に必要となるICT技術を整理し，情報科学とネットワークに関する基本的なリテラシーを身に付けるための内容を網羅している。

第2期の第11巻～第15巻は，メディア学で扱う情報伝達手段の中でも，視聴覚に関わるものに重点を置き，さらに具体的な内容に踏み込んで書かれている。

第11巻『CGによるシミュレーションと可視化』，第12巻『CG数理の基礎』

では，視覚メディアとしてのコンピュータグラフィックスについて，より詳しく学ぶことができる。

第13巻『音声音響インタフェース実践』は，聴覚メディアとしての音の処理技術について，応用にまで踏み込んだ内容となっている。

第14巻『クリエイターのための 映像表現技法』，第15巻『視聴覚メディア』では，視覚と聴覚とを統合的に扱いながら，効果的な情報伝達についての解説を行う。

第3期の第16巻～第19巻は，メディア学を学ぶうえでの道具となる学問について，必要十分な内容をまとめている。

第16巻『メディアのための数学』，第17巻『メディアのための物理』は，文系の学生でもこれだけは知っておいて欲しいという内容を整理したものである。

第18巻『メディアのためのアルゴリズム』，第19巻『メディアのためのデータ解析』では，情報工学の基本的な内容を，メディア学での活用という観点で解説する。

各巻の構成内容は，大学における講義2単位に相当する学習を想定して書かれている。各章の内容を身に付けた後には，演習問題を通じて学修成果を確認し，参考文献を活用してさらに高度な内容の学習へと進んでもらいたい。

メディア学の分野は日進月歩で，毎日のように新しい技術が話題となっている。しかし，それらの技術が長年の学問的蓄積のうえに成立しているということも忘れてはいけない。「メディア学大系」では，そうした蓄積を丁寧に描きながら，最新の成果も取り込んでいくことを目指している。そのため，各分野の基礎的内容についての教育経験を持ち，なおかつ最新の技術動向についても把握している第一線の執筆者を選び，執筆をお願いした。本シリーズが，メディア学を志す人たちにとっての学びの出発点となることを期待するものである。

2023年1月

柿本正憲
大淵康成

まえがき

本書は，メディア学という新しい学問領域について学ぼうとする学部学生を対象とした教科書である。本書で取り扱うメディア学は，社会学の分野で従来から扱われてきたメディア論やメディアコミュニケーション研究の基本概念を包含し，また一方で画像，映像，音声，文字などのディジタル情報とその処理技術の基礎を包含する。さらに，メディアに載せる作品としてのディジタル情報をつくり上げるコンテンツ創作全般をメディア学の範疇と捉える。

メディア学は文系・理工系・芸術系の枠を超えた融合分野である。本書でも3章から14章にかけて技術（理工系）・コンテンツ（芸術系）・社会（文系）の切り口で各分野の概要を記述している。しかし，内容のすべては1章で述べるメディアの基本モデルという枠組みに包含されるか，少なくとも密接に関連する。そして根底には2章で述べるディジタル技術が大前提となっている。

1章ではメディアの定義を明確化し，現代のメディアを支える基盤が情報通信技術（ICT）であることを述べ，メディア全般を理解するための基本モデルを提示する。2章ではICTの最も基本的な知識としてディジタルデータの基礎概念を詳述する。

3章から6章ではメディアを支える技術の諸分野を紹介する。人間がメディアに接する耳と目にそれぞれ提示される音声と映像に関する処理技術全体を俯瞰したのち，人間と情報機器との接点全般であるヒューマンインタフェースについて述べる。情報伝達技術の中核であるネットワーク技術の仕組みや社会との関わりにも触れる。

7章から10章では，メディアに載せる情報のうち，作品と呼ぶことのできるクリエイティブコンテンツの各種技術技法および制作工程を概観する。CG，アニメ，実写の映像コンテンツ，ゲームに代表されるインタラクティブコンテンツの全体像を網羅し，最後にコンテンツにおける音に関して述べる。

11 章から 14 章では人間社会におけるメディアを論じる。まず今後社会に浸透していく人工知能（AI）に代表される情報技術と人間との関わりを概説し，つぎに社会全体をより良くするためのメディアを通じた世界的な取組みを紹介する。さらに，報道分野を概観してこれからのジャーナリズムの課題についても触れ，最後にビジネスにおけるメディア活用について述べる。

15 章ではまとめとしてメディア学の流れを大局的に捉える。メディアの歴史と未来を縦軸の流れとみなし，関連する学際領域を横軸とみなす。それらの紹介と考察を通じ，読者が現在のメディア学の理解を深める羅針盤とする。

メディア学の領域が多岐にわたるため，つぎの 4 名で分担して執筆した。

柿本正憲：1，2，15 章，大淵康成：3 ～ 6 章，三上浩司：7 ～ 10 章，進藤美希：11 ～ 14 章

本書の内容は，東京工科大学メディア学部が創設以来 20 年間にわたりメディア学概論あるいはメディア学入門として開講している 1 年次前期の必修講義の内容をもとにまとめたものである。本改訂では分野ごとに改めて章を細分化し，構成を一新した。入門書という性質上多くの内容は網羅的に記述されている。一方でメディア学の分野でありながら網羅できなかった分野もある。より広く，そして深く詳細に学ぶには「メディア学大系」の各書籍をご参照いただきたい。

2020 年 1 月

著者を代表して　柿本正憲

目　　次

1章 メディア入門

2章 ディジタル技術

3章 音声音響言語処理

4章 映像画像CG処理

5章 ヒューマンインタフェース

6章 ネットワーク

7章 クリエイティブコンテンツ

8章 実写映像とCG技術，アニメ技術

9章 インタラクティブコンテンツ

10章 コンテンツと音

11章 AI時代の社会

12章 ソーシャルグッド

13章　ディジタルジャーナリズム

14章　ディジタルマーケティング

15章　メディア学の流れ

1章 メディア入門

◆本章のテーマ

本章はメディア学の扱う領域を明確にする。まず，一般にメディアという言葉がどのように捉えられているかを考察する。その考察を踏まえ，メディアとは人から人へ情報伝達に関連する広義の事象を指すと定義し，情報の伝達を支える基盤として情報通信技術が根底にあることを論じる。さらに，メディア全般を論じる枠組みとして，三つの命題，三つの基本モデル，三つのコア領域について説明する。最後に，メディアを学ぶ際に意識すべき心構えを述べる。本章の内容は，以降の各論に通底する考え方の基本であり，各論を包括する概念を構成するものである。

◆本章の構成（キーワード）

1.1　メディアとは
　　メディア学の定義，学際領域，三つの命題
1.2　メディアを支える基盤技術
　　ICT，ディジタル技術
1.3　メディアの基本モデルとコア領域
　　コンテンツ，コンテナ，コンベア，表現，技術，環境
1.4　メディアを学ぶ目的
　　消費者，供給者，価値創造，適応，原理

◆本章を学ぶと以下の内容をマスターできます

☞　メディアの定義とメディア学の対象範囲
☞　メディアの各種対象を分類し理解を深めるための枠組み
☞　メディアを学ぶにあたってつねに意識すべきことはなにか

◆関連書籍

・東京工科大学メディア学部編：メディア学キーワードブック

1.1 メディアとは

「メディア」という言葉は幅広い意味を持っている。辞書には「媒体。手段。特に，マス - コミュニケーションの媒体」とある[1),†]。新聞社，放送局といった報道機関や出版社などもメディアあるいはマスメディアと称される。いわゆるメディア論という場合のメディアはこれにあたる。また，コンピュータ分野では，CD，DVD，ブルーレイ，USB メモリなど，持ち運び可能なデータ記憶媒体を総称してメディアと呼ぶ。

このようにメディアと称される具体的事物や組織に共通するのは「情報を伝達するもの」だということである。本書ではメディアという言葉を広義に捉え，情報を伝達するものや仕組み，その周辺の機能や，場合によっては対象物である情報そのものまでを「メディア」に含むと考えることにする。

本書およびその改訂前の「メディア学入門」が提唱するメディア学は，そのような広範囲な事項に関わる概念や知見を探求する学問である。中核的な概念である「情報」というのは自然科学の現象ではなく，人がどこかに介在する人工的な存在である。すなわち，メディア学は「人から人へ情報を伝達することに関する学問」と要約することができる。大きな位置づけで言うと，メディア学は工学や情報学の一部と人文社会科学の一部とを融合した学際的な学問分野である。

上記の要約にある「人から」という部分を情報伝達の前段階と考えれば，情報をいかにうまく人が創出するか，という命題もメディア学の対象となる。最終的に情報はなんらかの形で「人へ」伝わり，結果として役に立ったり感動を与えたりする。メディア学の目的の一つはそこにある。

このように，情報伝達に対する立ち位置あるいは働きかけを考えると，メディア学は，伝達の順番に登場する**三つの命題**に集約することができる。それらは，情報を「つくる」「伝える」「活用する」という 3 点である。

---

† 肩付き数字は巻末の引用・参考文献番号を示す。

ここで言う活用は，簡単に言えば役に立つという意味になるが，実利的なことだけでなく，感動を与えるということも広義の活用と考える。例えば，画面に表示された地図上の雨雲の動き予想動画を傘持参の判断材料にするのはもちろん情報の活用である。一方で，物語の映像作品や音楽の音声データを鑑賞し感動するのも広い意味での情報の活用と捉えるものとする。

1.2　メディアを支える基盤技術

メディアが情報を扱う以上，その根底にあるのは**情報通信技術**（**ICT**：information and communication technology）である。16世紀の印刷技術の発明以来，情報はおもに紙媒体に印刷された文字や写真として表記表現され流通した。その後1940年代にコンピュータが発明されて以来，情報の**ディジタル化**が進んだ。特に1990年代のICT機器の普及拡大と**インターネット**の一般への普及により，メディアが関わるあらゆる局面で，ディジタル情報がその対象となった†。

21世紀に入ってからも情報のディジタル化は進展し続けている。現代および未来のメディアを学ぶにあたって，その根底に**ディジタル技術**があるということは大前提である。本書を始めとする「メディア学大系」の各書籍でも，ディジタル技術に関する記述が多くを占めている。

図1.1は，前節で示したメディア学の三つの命題と，「つくる」対象物や「伝える」手段や技術，さらに「活用する」分野などを例示したものである。これらのキーワードの基盤にはディジタル技術・ICTが横たわっている。上位のキーワード群のそれぞれが，ディジタル技術とどのように関わっているか，あるいはディジタル技術を基礎としてどう派生しているかを考察することや体験することは，メディアを学ぶ際の重要な実践テーマである。

† メディアに関する歴史上のできごとについては15章にまとめている。

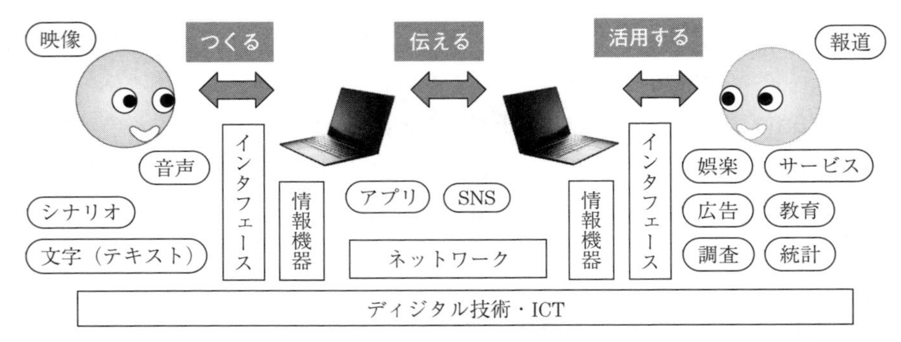

図 1.1　メディア学の三つの命題とメディアに関わる各種キーワード

1.3　メディアの基本モデルとコア領域

情報伝達の三つの命題「つくる」「伝える」「活用する」のそれぞれについて，前節では各種キーワードを列挙した。本節では，三つの命題が対象とする情報に関わる，より抽象的な概念とそれらの関係を示す**メディアの基本モデル**を導入する。

メディアの基本モデルは以下の五つの概念的な要素から構成される。

（1）　情報の送り手

（2）　伝達対象となる情報の内容（**コンテンツ**）

（3）　伝達媒体となる情報の形式（**コンテナ**）

（4）　伝達形式としての情報の提示手段（**コンベア**）

（5）　情報の受け手

図 1.2 はメディアの基本モデルにある 3C，すなわちコンテンツ，コンテナ，コンベア†の具体例を示すものである。三つの命題との関係で言うと，コンテンツは送り手がつくりたい内容であり，コンテナは伝えるために標準化されたデータ形式である。そしてコンベアは提示手段となる伝達の形式であり，最終的に受け手はコンベアを手段として用いてその上に載ったコンテンツを活用する。

ここで，基本モデルのうちコンテナ，すなわちデータ形式について少し補足

† 3C は，Google の及川卓也氏が提唱したメディアの三層モデルであり，佐々木俊尚著『2011 年 新聞・テレビ消滅』[2)]で詳しく紹介されている。

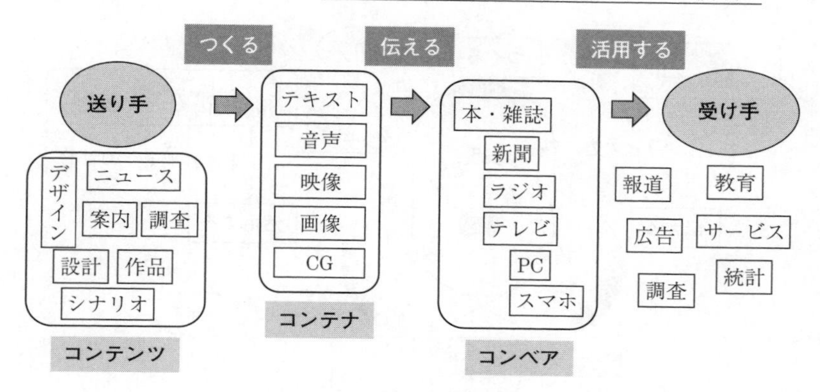

図 1.2　メディアの基本モデル

する。図 1.2 のコンテナのくくりでは形式としてテキストや音声などを挙げているが，より厳密にはそれらのファイル形式としての txt, pdf, mp4 などがコンテナのより具体的な例ということになる。

さて，メディアを学ぶにあたって，三つの命題やメディアの基本モデルの各概念に対してどのような切り口で捉えればよいだろうか。学ぶ者が意識すべきコア領域（科目群）として，東京工科大学メディア学部創設者の相磯秀夫は**表現・技術・環境**の 3 領域を提唱した。「メディア技術コア」はメディアの高度な機能を開拓するための工学的な領域であり，「メディア表現コア」は意思・感情の豊かな表現力と発想力の発掘を目指す芸術学的な領域である。そして「メディア環境コア」は新しい社会メディアシステム構築を通じて健全で快適な社会の創造に寄与する人文社会学的な領域である。

図 1.3 は，上記で提示された三つのコア領域が，情報伝達の三つの命題「つくる」「伝える」「活用する」やメディアの基本モデルにおける 3C とどのような関係にあるかを示すものである。

コア領域である「表現」「技術」「環境」は，メディアを学ぶ者にとっての主要な立ち位置，広い意味での専門分野として選択するものである。それらは，おおむね三つの命題「つくる」「伝える」「活用する」にそれぞれ対応する。

送り手から受け手に情報を伝達する目的の本質は，送り手が持つ広い意味で

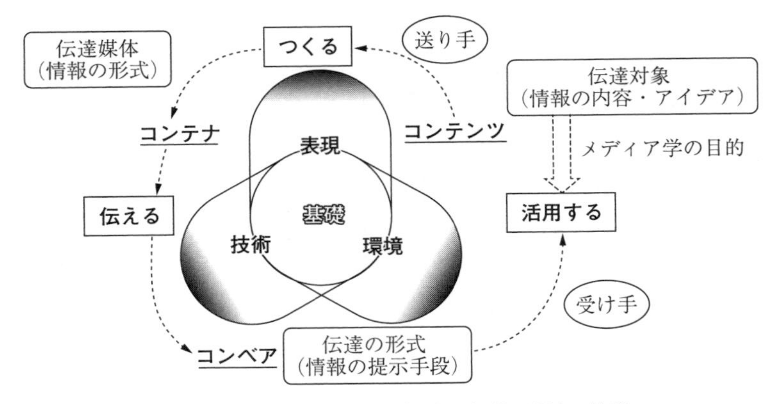

図 1.3　メディア学のコア領域：表現・環境・技術

のアイデアを受け手が活用してなんらかの便益を得ることである。例えば，商品情報によって手軽によい買い物ができることかもしれないし，映像作品を視聴して感動を得ることかもしれない。あるいは，部品メーカーが設計した部品形状データを自動車会社が最終製品の設計に組み込むことかもしれない。

このような情報の伝達においては，まず送り手はアイデアを情報の形にまとめる必要がある。これがコンテンツをつくることである。一般にはコンテンツという場合，鑑賞するための作品というニュアンスが強い。メディア学を情報の伝達という広義で捉えた場合，コンテンツも広義に捉え，アイデアをひとまとまりの情報の形にパッケージ化したもの，と考えることにする。

送り手がつくりパッケージ化したコンテンツは必ずコンテナに収まっている必要がある。コンテンツが部品の立体 CG 形状だとすれば，例えば標準的な CG ソフトである Maya†のデータ形式や，fbx 形式のような標準データ形式がコンテナということになる。

コンテナに収められた情報は，インターネットに代表されるネットワーク通信を介したり，USB メモリやブルーレイのような物理的な媒体を利用したりして受け手に伝えられる。最終的には，コンベアとしてのスマートフォンや

† 本書で使用している会社名，製品名は，一般に各社の商標または登録商標です。本書では ® と ™ は明記していません。

PC などで受け手が情報を視聴することになる。コンベアが新聞や書籍ということであれば，紙の印刷物がコンテナということになる。同じコンテンツが異なるコンテナに収まり異なるコンベアで届けられることもある。新聞や書籍は電子化されて Web でも配信される。

このように，メディアに関わるほとんどの事象は，基本モデルの 3C と三つの命題によって説明できる。そしてメディアを学ぶ者は，より専門的な三つのコア領域のいずれかを意識し，三つの命題のうち対応するテーマを一つ選択することになる。このとき，対応する命題以外の命題もつねに意識する必要がある。自分は表現の専門家だから伝える技術のことや受け手の活用のことは知らなくてもよいということには決してならない。図 1.3 に示したメディア学の全体像を理解することはもちろん，自らの専門のコア領域以外の素養も広く修得することが肝要である。

1.4　メディアを学ぶ目的

1.3 節で，メディアの基本モデル（「送り手」「3C」「受け手」）の関係を説明した。みなさんはこの説明を読みながら，自身をどの立場に置いて考えただろう。大学に入学したばかり学部生であれば，自身を「受け手」に投影したであろう。それまでの人生で経験があるのは圧倒的に「消費者」という情報の受け手としての立場であるから，それで当然である。

一方で，大部分の人は友人知人と SNS を通してやり取りをするから，情報の送り手としての立場も日常的に経験しているはずである。ただし，送り手であっても消費者であることには変わりはない。

教養としてではなく専門としてメディアを学ぶ者にとって目指すべき目標は，メディア分野の専門家すなわちプロフェッショナルである。消費者とは対極にあり，価値を創造し提供する**供給者**（supplier）である。

供給者ということであれば情報の送り手となればよいかというと必ずしもそうではない。価値を創造し提供する仕事の過程では，自身がなんらかの専門的情報の受け手となり，その情報を活用するということも当然ある。じつは，ここで論じるべきことは自身がどの立場であるかということではない。メディアを学ぶ諸君にはもっと俯瞰した視点が求められる。

本節冒頭で，基本モデルの中で自身をどの立場に置くかという設問を強引に投げかけたが，じつはそのような見方からは卒業する必要がある。基本モデルにおける送り手，受け手は自分自身ではなく，客観的な対象と考えよう。送り手や受け手を消費者と捉え，自身は供給者という立場に立つ。消費者にとっての目的を達成するよりよい手段や道具はなにで，それらを提供するにはどうすればよいか，という観点で考察を深めながらメディアを学ぶことが求められる。

仕事の過程で一消費者として「基本モデル」のどこかの立場をとる場合があることはすでに述べた。しかし，供給者ならば，このような立ち位置だけでなく，全体を俯瞰したうえで，自身が奉仕すべき消費者あるいは受益者がどの立場にあるか，という見方をすることが必要である。

純粋な芸術家であれば，自身が「つくる」ことだけを極めればよいかもしれない。一方，コンテンツ作品を「つくる」クリエーターという供給者であれば，最終消費者に伝えるという観点に加え，つぎの制作工程のクリエーター（中間消費者）に成果物を供給するという観点に立つ必要がある。

メディアを体系的に学んで図 1.3 に示した情報伝達経路全体を理解することにより，その供給者の成果は格段に良質なものとなる。「伝える」ためのコンピュータネットワークシステムを構築する供給者でも，「活用する」ための支援を行うコンサルタントという供給者でも同様である。

このように，消費者にとっての「つくる」「伝える」「活用する」のどのあたりに自身が貢献するかを意識すること，これこそがメディア分野の専門家に求められる基本姿勢である。その姿勢をもって**価値創造**（value creation）を果たすことがメディアを学ぶ最終目的の一つである。簡単な言い方をすると，消費者から供給者へ変わることが学ぶ目的ということになる。

以降の本書の各章や「メディア学大系」の各書籍には，メディア学の知見が濃縮されている。本書だけでなくさまざまな教材から，読者の将来の価値創造につながる知識や概念，考え方，問題の捉え方，分析の仕方，問題解決のアプローチ方法などを学んでほしい。

また，知見から学ぶ以外に演習を通じて経験することも一般には必要である。広くメディアを学びながら，より特化した自らの専門分野を含むいくつかの分野について，先端的な情報環境での実務演習を積むことが望ましい。

とは言っても，演習での経験だけに過度の時間をとられることなく，俯瞰的に学んで汎用の知見を貪欲に身に付ける姿勢が重要である†。先端的な環境は進歩が速い。実務演習に特化しすぎて汎用の知見をおろそかにすると，専門家になって数年間は活躍するが，環境が変わったときに適応できないという事態になってしまう。先端技術を修得することは必要だが，同時に個々の技術の根底にある原理を理解することはより重要である。演習は，原理を実現した実施例を経験して確認することによってより深い理解を得るとともに，原理を問題解決に結びつける能力を切り拓くためのものである。

メディア学は新しい学問である。本書などで修得した知見を基にして価値創造につなげるだけにとどまらず，これまでにないまったく新しい知見や概念や原理を発見発明したり，メディア学の体系化を推進したりする研究者が輩出することを願う。

演 習 問 題

〔1.1〕 図 1.2 にあるコンテンツの分野を一つ選び，その種類の具体的な作品や情報提供物を一つ挙げなさい。

〔1.2〕 上記の具体的コンテンツがメディアの基本モデルに沿ってどのようなコンテナやコンベアにより伝えられ，どんな分野で活用されているか。図中にある用語を選びなさい。コンテナについてはより具体的な形式の種類を調べなさい。

〔1.3〕 図 1.2 のコンベアとして挙げられているもの以外にはどんなものがあるか。三つ以上挙げなさい。

---

† カリスマ広告制作者の J. W. ヤングによれば「アイデアとは既存の要素の新しい組合せ」以外にはなり得ない[3]。既存の知識概念を詰め込むことは創造性を高める重要な営みである。

2章 ディジタル技術

◆本章のテーマ

本章では，メディア学の基盤となるディジタル情報技術について，データ表現に関する最も基礎的な概念を学ぶ。まずはアナログ情報とディジタル情報の特徴の対比を示し，ディジタル情報の本質を浮き彫りにする。データの記録や複製についても対比を行う。つぎに，アナログのメディア情報をディジタルで表現する際の基本的概念を学ぶ。最後に，ディジタルデータの形式や意味の根本概念を理解するために，記憶装置の原理と仕組み，およびデータ量に関する基礎知識を学ぶ。

◆本章の構成（キーワード）

2.1　アナログとディジタル
　　A-D 変換，記録媒体，劣化
2.2　メディア情報のディジタル表現
　　連続量，離散量，標本化，量子化，ディジタル画像，解像度，階調
2.3　ディジタルデータの基本
　　記憶装置，メモリ，ビット，バイト，ファイルサイズ，通信速度

◆本章を学ぶと以下の内容をマスターできます

☞ 情報の表現におけるアナログとディジタルの違いはなにか。ディジタルの各種利点はなにか。そのうちの根源的な利点はなにか。
☞ アナログからディジタルに変換する過程およびその際に使われる概念にはどんなものがあるか。
☞ 情報量を把握するための数量の単位にはどのようなものがあり，どう使い分けられるか。

◆関連書籍

・寺澤，藤澤：メディア ICT（メディア学大系 10）

2.1　アナログとディジタル

本節では，情報あるいはデータに関しての基本的な分類である**アナログ**（analog）および**ディジタル**（digital）について述べる。近年のメディアはディジタル技術を基盤として発展してきている。そのため，最終的にはディジタルという概念を身に付けることが本節の目的である。そこでは，対比する概念であるアナログも含めて正しく理解する必要がある。

図 2.1（a）は，音声を例にとり，アナログデータがディジタルデータとして記録される過程を示している。人の発した声は空気の圧力の時間変化としてマイクロフォンで捉えられ，電磁誘導という物理現象を利用して電圧の時間変化に変換される。電圧の変化はピンジャックを通してコンピュータに取り込まれる。ここまでがアナログデータである。コンピュータ内部では，アナログ–

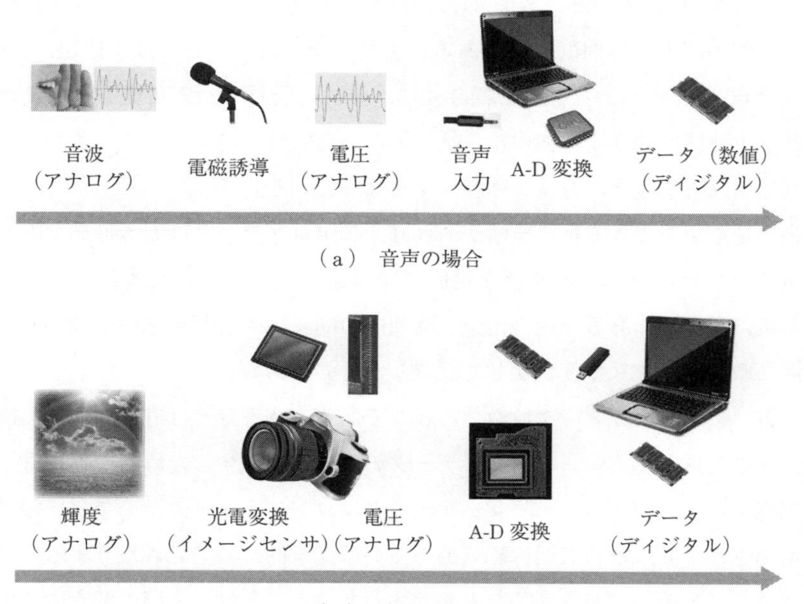

（a）　音声の場合

（b）　画像の場合

図 2.1　アナログ情報からディジタルデータへの記録の例

ディジタル変換（**A–D 変換**, analog-digital conversion）という電子回路技術により数値の並びに変換されディジタルデータとして記憶装置に格納される。

つぎに，画像の例を見てみよう。図（b）はカメラによって情景がディジタルデータとして記録される過程である。ある向きのある範囲のさまざまな光は，カメラのレンズを通して内部に光学的に投影される。投影面には長方形のイメージセンサが置かれており，ある瞬間の光を捉える。具体的には，イメージセンサの中に並べられた多数（もちろん有限個）の受光素子のそれぞれが受けた明るさを一つずつの電圧値に変換する。受光素子は光電変換という物理現象を利用する電子デバイスである。この受光素子の出力電圧までがアナログデータである。それら多数の捉えられた電圧は1個1個順番にA–D変換により数値データに変換される。一連の数値は，カメラに装着されたメモリカードに一つのデータファイルとして格納される。

アナログ量は，時間的・空間的に変化する物理量である。音声は受信点における空気の圧力の時間的変化である。家庭の交流電源の電圧は1秒間に50回または60回なめらかな強弱を繰り返す。時計の長針の傾き角度を物理量と考えれば1時間で360度増加する。紙に描かれた絵は，場所によって多かれ少なかれ色（反射する光の波長と強度）が異なっている。

物理量を記録できる材料技術があれば，アナログデータは記録可能である。磁気テープは電圧の時間変化を場所による磁化強弱変化に変換して記録できる。紙の写真は，ある一瞬の情景（空間内の向きによる色変化）を最終的に紙表面に載せるインク量変化として記録したものである。

一方，ディジタルデータは数値の並びである。物理量とは直接関係ない概念的なものと言ってよい。もちろんデータの実体が存在するためには物理量として記録する必要がある。ディジタルデータはコンピュータの記憶装置に電子的に格納されたり，材料表面に磁気的あるいは光学的に格納されたりする。

ディジタルデータが概念的なものであるということは，人間の解釈の仕方によってどんな物理量表現にも利用できるということになる。図2.1で示した音声や画像のディジタルデータは，数値の並びを知るだけではなんの情報かはわからない。解釈の仕方を知らされてはじめて意味のある情報となる。

ディジタルデータは物理量以外の情報も表現できる。テストの得点や企業・家計の収支金額のような数値データは，コンピュータに格納されればディジタルデータそのものである。文章・テキストも，世界標準で定められた文字コードの番号の並び，すなわち数値の並びである。

このように，ディジタルデータは概念的なもので，解釈の仕方でどんな情報でも表せる。この汎用性がディジタル技術普及の本質的な要因の一つである。

ここで，アナログ，ディジタルそれぞれのデータの記録と複製について述べる。アナログデータは，紙や磁気テープなどなんらかの材料に記録される。記録のための材料のことを**記録媒体**（recording medium）あるいは単に**媒体**（medium, media）という。媒体上の記録を別の媒体に複製することは可能だが，完全に同じ複製を得ることは不可能である。少しは記録内容が変化してしまう。つまり，アナログデータは複製のたびに少しずつ**劣化**（deterioration）する。一方で，コンピュータの記憶装置などの媒体に格納されたディジタルデータは完全に同じ複製（同じ数値の並び）を得ることができる。複製時に劣化は起きない。

複製時の劣化とは別に，年月に伴い生じる**経年劣化**（age deterioration）がある。どのぐらい早く劣化するかは記録した媒体の材料特性に依存し，アナログかディジタルかということとは関係ない。とは言っても，物理的な材料に記録されたアナログデータのほうが，コンピュータの電子的な記憶装置を媒体†とするディジタルデータよりも経年劣化しやすい傾向にあることは確かである。

また，アナログデータは少しずつ経年劣化するが，ディジタルデータは劣化によってほんのわずかでも失われると全体が再生不能になる場合が多い。ディジタルデータは必ず人間の解釈の仕方が決められる。多くの種類のデータは解釈方法に関する情報もデータ内に置かれる。このような情報は一般に**メタデータ**（metadata）と呼ばれ，データの先頭に置かれた解釈情報は**ヘッダ**（header）

† ディジタルデータの媒体は記憶媒体とも呼ばれるが，アナログデータの場合は記憶媒体とは呼ばないのが慣例である。

と呼ばれる。劣化がたまたまその部分で起こると全体が解釈不能になる。

2.2　メディア情報のディジタル表現

本節ではまず，アナログ情報をディジタルデータとして取り込む場合の基本的な概念である標本化と量子化について述べる。つぎに，かつてはアナログのメディア情報としてのみ表現されていた音声や画像のうち，特に画像についてディジタルデータでどう表現されるかを論じる。さらにそれらのディジタル画像が最終的に人間に提示される段階でアナログ物理量に変換する方法について簡単に説明する。なお，メディア情報の中にはテキストも当然含まれるが，これについてはつぎの2.3節で論じる。

2.2.1　標本化と量子化

アナログデータは，時間や空間をいくら細かくとっても必ずそれなりに異なる量が得られるものである。そのため，アナログデータは**連続量**（continuous quantity）と呼ばれる。

一方，ディジタルデータで物理量を表す場合，いくらでも細かく観測できるわけではない。有限個の数値の並びだから，数値の個数分以上は絶対に細かくできない。そのため，ディジタルデータは**離散量**（discrete quantity）と呼ばれる。

アナログ情報をディジタルデータとして記録する場合，連続量を離散量に変える**離散化**（discretization）を行う。離散化には二つの概念がある。それらは標本化と量子化である。

標本化（サンプリング，sampling）は，元の連続量が存在する時間や場所のうちどの点でデータを計測するかを設定し実際に取り込むことを言う。ここで言う点とは時刻あるいは位置のことで，**標本点**（sampling point）と呼ぶ。標本点は多数あり，等間隔に定めるのが通常である。例えば音声であれば，CD音質の場合1秒間に44 100回電圧を計測して数値化する。画像の場合，カメラのイメージセンサの受光素子が像の投影面上に縦横それぞれ数千個ずつ長方形内に等間隔に並べられ，数百万〜数千万点の明るさ情報が電圧に変換され，同じ個数のディジタルデータに変換される。

量子化（quantization）は，各標本点で計測したアナログ量を，定められた桁数の数値に変換することにより，結果的に有限段階の値に丸め込むことを言う。簡単な例として0〜9Vで変動する電圧のディジタル化を考えてみる。各標本点（各時刻）で2進数2桁（2 bit[†]；00〜11の4段階）の短い数値に変換すると強引に定めたとしよう。すると電圧は0, 3, 6, 9Vの4段階いずれかで表すことになる。この段階数のことを**量子化レベル**（quantization level）と呼ぶ。

標本点でのアナログ量がちょうどどれかの段階にぴったり一致することはまずない。例えばある時刻の電圧が4.2Vの電圧であれば最も近い2段階目の3Vとみなし01という値で表す。量子化後の数値は元のアナログ量に対して誤差を伴う。これを**量子化誤差**（quantization error）と言う。前述の例だと量子化誤差は1.2Vとなる。ただし現実には，例えば音声波形は16 bit（65 536段階）で量子化される場合が多い。量子化誤差がきわめて小さく，数値を最終的にアナログ音声に戻しても聴く人には気づかれない。画像についても同様である。

離散化の二つの概念である標本化と量子化を模式的に表したのが**図2.2**である。元のアナログ物理量が時間軸上または平面・空間内で変化する様子を図（a）に表している。図（b）は標本化および量子化を経て物理量をディジタルデータで表した様子である。横軸で離散的な標本点を定め，各標本点での物

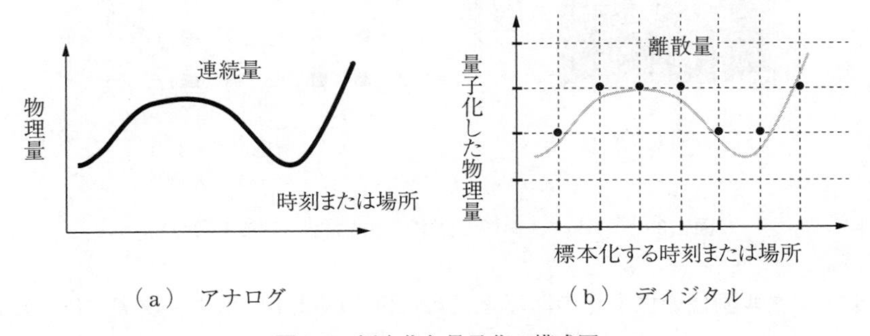

（a）　アナログ　　　（b）　ディジタル

図2.2　標本化と量子化の模式図

† ビット（bit）については2.3.2項で解説。

理量を計測する。その結果を，縦軸で定めた離散的な有限段階の数値に丸め込んで量子化する。

2.2.2　画像のディジタル化

本項では，メディア情報のディジタル化の典型例として画像を取り上げて説明する。**ディジタル画像**（digital image）は，矩形領域を前提とし，その中で縦横に一定数の**画素**（**ピクセル**，pixel）を整列配置して表現される。縦横の画素の数は**解像度**（resolution）と呼ばれる。例えば**フル HD**（full high definition）という規格であれば横 1 920 個×縦 1 080 個の 200 万あまりの画素から構成される。

解像度は標本化と関係している。撮影に使うカメラの仕様によって解像度は決まる。これにより，標本点の個数と縦横の並び方を決めることになる。具体的に実世界のどの向きを標本化するかは，撮影者がカメラアングルを決めてシャッターを開いた瞬間に決定される。**図 2.3** は画像の標本化の概念的な説明図である。実世界を非常に粗く標本化し，横 6 個×縦 4 個の非常に小さなディジタル画像を取得した様子を示している。

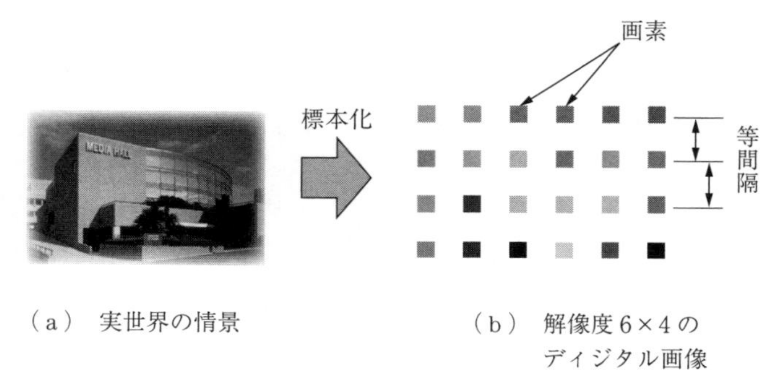

（a）　実世界の情景　　（b）　解像度 6×4 のディジタル画像

図 2.3　ディジタル画像の標本化の概念図（口絵 1 参照）

ディジタル画像の標本化の間隔を変えた例を**図 2.4** に示す。現実にはここに示している画像はカメラ撮影による標本化の直接の結果ではない。本図をつくるためにコンピュータ上の計算によって撮影結果のディジタル画像を再度標本

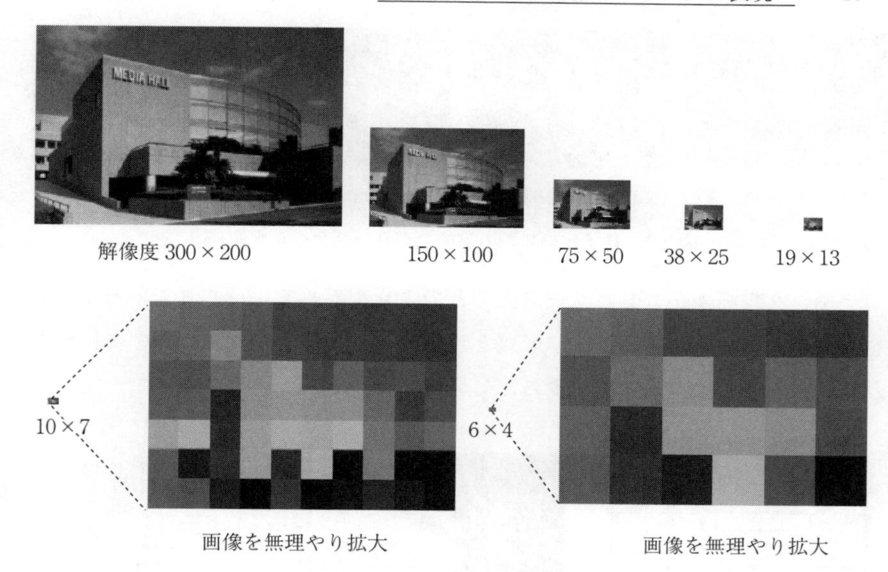

図 2.4　標本化の粗さの違い（口絵 2 参照）

化し直す処理[†]を行って画像を縮小している。

画素は一つの色や明るさ情報を表す一組のデータである。カラー画像であれば，一画素は赤・緑・青（**光の三原色**，three primary colors of light）という**成分**（component）または**サブピクセル**（**サブ画素**，sub pixel）と呼ばれる三つ組の数値データで構成される。これらの三成分はそれぞれ R, G, B と表記する。通常，RGB それぞれの値は 8 bit（0 〜 255）で記述される。これは各成分の量子化が 8 bit で行われているということである。量子化レベルは 256 段階で，画像（画素）に対してはこれを各成分の**階調**（gradation）と呼ぶ。

階調の違い，つまり量子化の粗さの違いによって結果のディジタル画像がどう変わるかを示した例が**図 2.5** である。最も粗い最小 2 階調の場合は画素が確かに 2 種類（濃いグレーと薄いグレー）しかないことがわかる。図 2.5 では階調数をわかりやすくするために，カラー画像ではなく，明暗だけを表現する**グレースケール画像**（gray scale image）を用いている。

---

† 　このような処理は**再標本化**（resampling）と呼ばれる。ディジタル画像の拡大縮小，回転は再標本化によって行われる。

（a）8 bit（256階調）　（b）4 bit（16階調）　（c）2 bit（4階調）　（d）1 bit（2階調）

図 2.5　量子化の粗さの違い（グレースケール画像）

ディジタル画像がコンピュータ内でどのような形式で保持されているか，例を見てみよう。**図 2.6** は，raw 形式と呼ばれる最も単純な形式で PC に保存されているある画像ファイルである。

（a）ファイルの中身の先頭部分　（b）解像度 940 × 705　（c）ファイルの中身の末尾部分

図 2.6　画像ファイルの中身の例（raw 形式）

図（a）はそのファイル内のデータを順番に数値として印字した結果で，データの先頭部分である。最初の三つは 66, 107, 161 となっているが，これが画像の左上隅の一画素の RGB それぞれの値である。R の値が小さく B の値がやや大きい。実際，左上の画素（空にあたる部分）は灰色にやや近い青になっている。一方で，データの末尾は画像の右下隅に対応する。ここでの値は 237, 190, 0 で，赤と緑が強い。光の三原色の赤と緑を混合すると黄色で，この画像の右下はじつは黄色になっている。このようにディジタル画像は数値によって記述されていることが確認できた。

ディジタル画像を記述する数値の並び順は，左上隅の画素が最初で，つぎはその右隣として順番に右に進み，右端の画素に達したらすぐ下の行についても左端から右に順番にたどることが多い。最終的に右下隅の画素に達する。この並び順は**スキャンライン**（scanline）と呼ばれる。アナログテレビの画面はブラウン管表面の裏側に照射した細い光線（ビーム）を高速に動かして（スキャンして）表示する。その動きの順番と同じにするのがディジタル画像の画素の並びでも一般的である。

2.2.3　ディジタルデータの人間への提示

RGBの数値はそれぞれの原色の**輝度**（brightness, intensity, 光の強さ）を表す。実際に液晶ディスプレイでも基本的にはRGBの三原色を使用して画像を表示している。**図2.7**は，ある液晶画面に赤・緑・青の非常に小さな長方形を表示させた結果である。図（a）は元の長方形の拡大図，図（b）は画面中の長方形の部分をカメラで撮影した画像，図（c）は撮影結果の一部を拡大した様子である。

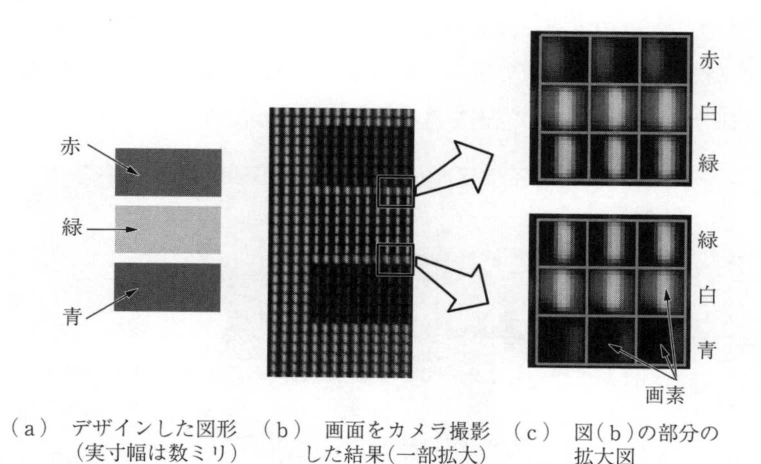

図2.7　液晶画面の色を調べた結果（口絵3参照）

図（c）は，ちょうど画像のうち3画素×3画素の部分を拡大し，わかり易くするために細い格子上の区切りをあとから描いている。その一区切り，つまり一画素に相当する部分に注目すると，赤・緑・青の細長い短冊状の形が点灯または消灯されていることがわかる。例えば，画面上では白になっている中段の部分はRGBいずれも点灯している。白に見えている部分はじつは明確に三原色がそれぞれに点灯していることがよくわかる。

ここでは液晶ディスプレイを例に，画像を表示する典型的な方法を説明する。液晶は電圧をかけると光を通す偏光の特性が変化する物質である。液晶ディスプレイは，この特性を利用して光の通過を細かく制御するのが原理である。

図 2.8 は TFT 液晶と呼ばれる方式の液晶ディスプレイの構造である。まず，RGB のサブピクセルごとに極小の短冊状のカラーフィルタを並べた層を用意する。背面から一様に白いバックライトで照らすと，カラーフィルタを通しても細かい RGB が混じって人間の目には白い画面が見える。一方で，カラーフィルタと同じ配置で多数並べた画素電極に挟まれた透明の液晶を用意する。サブピクセルの細かい位置ごとに電圧をかけるとその短冊だけ液晶の偏光特性が変化する。この電極－液晶－電極の層にカラーフィルタ層を重ね，さらに全体を二枚の透明の偏光板で挟む。液晶の偏光特性と偏光板の特性との組合せにより部分的に細かく光の通過を遮る板状の構造ができる。

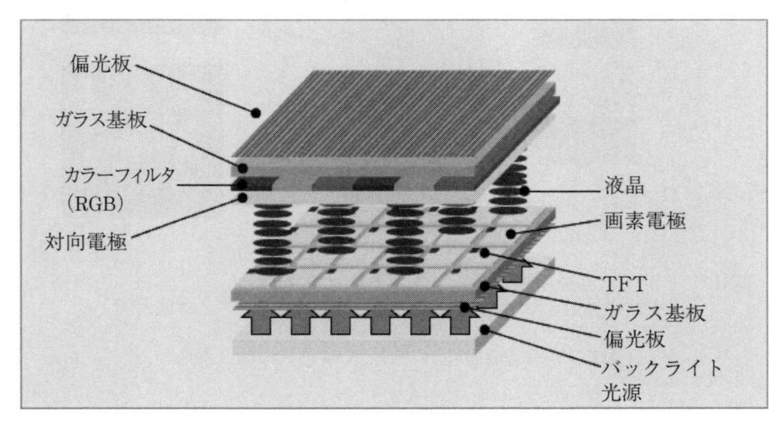

図 2.8　液晶ディスプレイの構造の例（TFT 液晶）
〔提供：Japan Display Inc.〕

この構造に対してバックライトを当て，液晶にかける電圧を変化させて各画素の RGB の強弱を制御し，任意の画像を表示することができる。画像データのサブピクセルの値が最大値 255 の場所は偏光特性が光を最大に通過させるような電圧を与え，0のサブピクセルの場所は光を最大限遮る偏光特性になるような電圧を与える。このときの電圧値はアナログ値である。A–D変換とは逆に，サブピクセルのディジタルデータからD–A変換によってアナログ電圧を得ている。

音声についても，最終的にD–A変換を用いてディジタルデータを人間の耳に聴かせている。マイクで得られた電圧波形の標本化・量子化により時系列順にディジタル化された数値データは，その順番にD–A変換して電圧の波形に戻される。その電圧で生じる電流から電磁誘導の法則（フレミングの力）に従ってスピーカーの振動を得ている。

音声や画像の情報をディジタルデータとして保持していれば，コンピュータによる数値計算方法のアイデア次第でじつにさまざまな加工処理や認識処理などを施すことができる。このような数値計算を総称して**メディア情報処理**（media information processing）と呼ぶ。

2.3　ディジタルデータの基本

本章冒頭の2.1節では，ディジタルデータはコンピュータの記憶装置などの媒体に格納されると述べた。本節ではまずディジタルデータ，すなわち数値情報がコンピュータにどう記憶され解釈されるかを説明する。続いて，データに関する最も基礎的な概念であるデータ量の表記について述べる。

2.3.1　物理状態，2進数，データ規約

コンピュータの記憶装置にはいくつもの種類がある。DVDやブルーレイもその中の一つである。PCは，電源を切ってもファイルと呼ばれるひとまとまりのデータを多数保存しておく必要がある。そのために**磁気ディスク**（magnetic disk），**ハードディスク**または**HDD**（hard disk drive）と呼ばれる記憶装置を備えることが長年続いている。西暦2000年ごろから，ファイル記憶装置として，電源供給がなくても電圧を保持するメモリチップ（**フラッシュメモリ**，

flash memory）を使う **SSD**（solid state drive）が使われ始めて主流になった。

電源オンのコンピュータでプログラムの実行時に使われる記憶装置は，**主メモリ**（**メインメモリ**，main memory）と呼ばれるメモリチップである。プログラマーが書いたプログラムの中で扱う名前付きデータ（変数や配列と呼ばれるもの）は，そのプログラムの実行時には主メモリに格納されるデータである。

事務仕事に例えると，実行時に使われる主メモリは机のようなもので，情報を読み書きするために本やノートを開く場所である。ファイル記憶装置は本棚のようなもので，机上よりも大量の本やノートを格納できるが持ってくるのに時間が掛かる。DVD やブルーレイは本を詰めるカバンのようなもので，持ち運びのできる本棚に例えることができる。

アクセスは速いが容量は小さく電源供給が必要な主メモリは，**一次記憶**（primary storage）あるいは単に**メモリ**（memory）と呼ばれる。その逆の特徴を持つファイル記憶装置は**二次記憶**（secondary memory）あるいは**ストレージ**（storage）と呼ばれる。二次記憶が磁気ディスクの場合はハードディスクでフラッシュメモリの場合は SSD である。

そのような各種記憶装置は，実際にディジタル情報を格納するために物理的な現象を利用する。DVD やブルーレイはレーザー光の反射現象を，磁気ディスクは磁化現象を，メモリチップは電荷の蓄積（電圧）を利用する。

いずれも，材料に対して非常に微細で規則的な繰返し構造を加工し，膨大な数の「有り無し」状態を物理的に制御し保持できるようにしている。物理的な状態とは，光の反射の有無，磁化の有無，電圧の有無である。この有りと無しとをそれぞれ 1 と 0 とに人間が意図的に解釈することによりデータ，すなわち情報とみなしているのである[†]。

メモリチップを例にとると，チップ内部にある多数の微小な**メモリセル**（memory cell）にそれぞれ別個に電荷を保持できる。**図 2.9** 左の写真はメモリ

† 正確な言い方をすると，0 または 1 に解釈可能な物理量の有無を微細な構造によって多数保持（書込み，読出し）できるような原理が考案され，それを実現した結果が記憶装置ということになる。

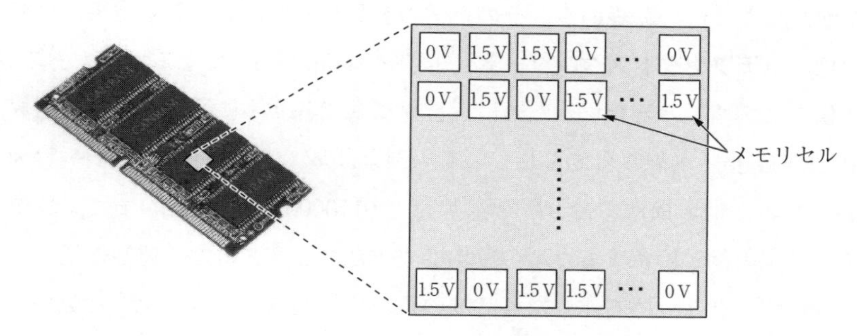

図 2.9 コンピュータのメモリの模式図

カードで，ここでは四つのメモリチップが載っている。右はメモリチップの中心部に埋め込まれた内部構造の模式図である。電荷を保持したセルは一定の電圧（近年の標準は 1.5 V）があり，そうでないセルは電圧 0 V である。各セルは必ずそのどちらかになる。

セルは一つのチップに多数（例えば 10 億個以上）詰め込まれている。各セルの電圧は電気的に読み出したり書き込んだりできる。このような読み書きを**メモリアクセス**（memory access）と呼ぶ。そのアクセス回数は例えば毎秒 10 億回以上である。集積回路加工技術の進歩によりセルの数やアクセス速度は長年継続的に高まった†。21 世紀に入って物理的な限界が近づき，進歩の度合いは緩やかになった。将来も集積度や速度向上の需要があれば，異なる原理を利用したメモリチップが発明されるだろう。

このように，膨大な数の有り無し状態を 1 または 0 の並びとみなし，適切な長さで区切って解釈すれば，物理状態によって 2 進法の数値の並びを表現できる。すなわち「情報」を保持格納していることになる。

数値をさらに別の意味を持つ情報に解釈し直す方法あるいは規約は，情報の種類ごとに専門家が定める。世界的な機関（ISO：International Standard Organization など）が音頭を取る場合もあれば，ある種類の情報に関して民間

---

† 半導体チップの回路の集積度が約 2 年で倍になるという経験則は 1965 年に提唱され[1)]，ムーアの法則と呼ばれる。2000 年ごろまではその傾向が続いた。

企業がたまたま決めた規約が，その企業の製品シェア拡大により結果的に事実上の標準（**デファクトスタンダード**，de facto standard）になる場合もある。

数値を文字情報と解釈するために，世界標準で各文字に番号（**文字コード**，character code）が割り当てられている。例えば'a'は，**アスキーコード**（ASCII code）という世界標準では97（2進数だと01100001）である。また，数値をディジタル画像と解釈するための基本的な方法は2.2.2項で詳述した通りである。音声データは，標本化した各時刻の音波の振幅強度を量子化した数値の並びが基本となる。

2.3.2　データ量の単位

ディジタルデータはすべて2進数によって記述され，数値，文字，画像，音声などの情報を表現できる。本書ではメディア学をそのような情報の作成（創作）・伝達・活用全般に関わる学問と定義している。その観点で重要な問題はデータ量である。例えば，ある種類の情報に関してデータ量が一般に大きいために伝達や提示に時間が掛かるのであれば，その種の情報の活用には困難が伴うことが想定できる。本項では，データ量についての最も基礎的な概念である単位について説明する。

情報量の最も小さな単位は2進数の一桁で，**ビット**（bit）と呼ばれる。1 bitは0か1の二者のうちの必ず一方を表現する。情報という観点では，1 bitは，有るか無いか，オンかオフかなど，解釈によって意味は異なるが二者択一の情報であることは共通する。

ただし，現実には1 bit単独で情報として解釈されることはめったにない。ビットは，もっと大きな区切りの数値データを構成する単なる一桁と言うだけの存在である場合がほとんどである。

ビットよりも少し大きな単位は**バイト**（byte）である。バイトは8 bitの0または1の並びのことである。2進数で8桁の数値一つを指す。1 byteのデータを単純に数値と解釈する場合，−128 ～ 127の符号付き整数または0 ～ 255の符号無し整数となる。

バイトは実用的な意味のある情報の最小単位とされる場合が多い。例えば，半角英数字一文字を表す文字コード（アスキーコード）は1 byteである。前節で説明したように，画素のRGBのうちの一つのサブピクセルは1 byteで記述するのが一般的である。また，メモリチップ内でデータ格納場所を区分けし一個のデータを特定する**アドレス**（address，番地）は1 byte区切りである。アドレスが1増えると隣接するつぎの1 byteのデータを指す。

データ容量を表記する場合にもバイトをその単位とする。詳細はつぎの2.3.3項で述べる。

かな漢字を文字コードで表わそうとすると1 byte（0～255）では足りないため，2 byte（16 bit）を使うことになる。これだと理論的には65 536種類（2^{16}）の番号を割り当てることができ，漢字も含めた文字コード体系が構築可能である。以前から日本だけで使われていた2 byteの漢字コード体系としてはシフトJISコード（Shift_JIS code）がある†。文字コードの世界標準である**ユニコード**（Unicode）は1～4 byteが使われ，各言語の文字のみならず各種記号や絵文字や古代文字まで規格化している。

同じ文字であっても，使用する文字コードの違いによって割り当てられるコード番号は異なる。漢字をコンピュータで表示する際に文字化けの不具合が起きる理由は，データが書かれたときに使用した文字コードと読み出すときに使用する文字コードの種類がなんらかの原因で違ってしまうためである。

バイトよりも大きなデータ単位として**ワード**（word）がある。ワードはコンピュータ技術分野で使用される単位であり，一般にはあまり使用されない。1 wordは，コンピュータの中央処理装置（**CPU**，central processing unit）が一度に扱う数値の長さである。

最も古い1チップCPU（**マイクロプロセッサ**，micro processor）として知られるインテル4004（1971年）は4 bitが1 wordであった。その後8 bit，16 bit，32 bitを経て，現在のマイクロプロセッサは64 bit（つまり8 byte）が1 wordである。主メモリのアドレスは1 wordの整数により特定されるので，

† JISはJapanese Industrial Standardsの略である。

理論的に使用可能なメモリ容量の限界は1 wordのビット数によって決まる。

ワードはコンピュータの世代によってデータ長が異なるため，データ量を表記する一般的な単位には不向きである。データ量を表記するには必ずと言っていいほどバイトが用いられる。

2.3.3 キロ，メガ，ギガ，テラ

かな漢字一文字を2 byteコードのシフトJISで表すと，**図2.10**に示すように3文字からなる短いテキストファイルの大きさは6 byteということになる。このようにデータ量を表すのにバイト数を採用する場合，大文字でBという単位表記を使うこともある。6 byteなら6 Bと表記する。

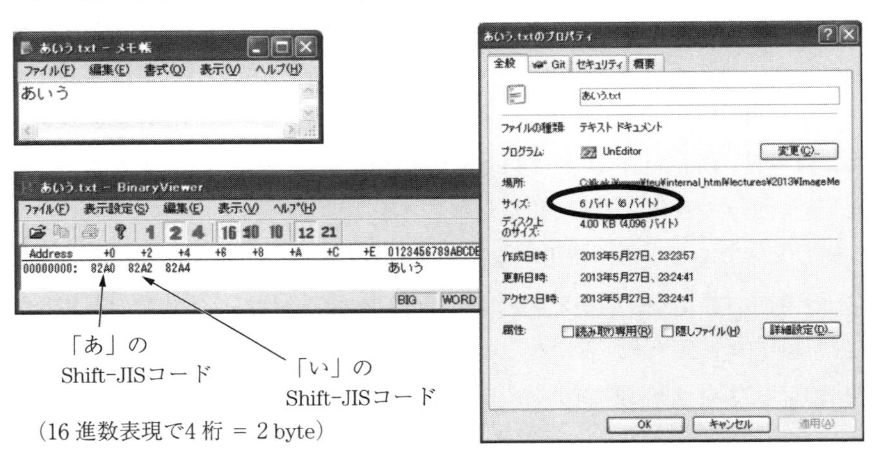

図2.10　かな漢字3文字からなるデータファイル

少し現実味のあるデータ量として，新聞の文字数を考えてみよう。ある日の朝刊を丹念に調べた人がいて，その結果は150 744文字であった。もしこの文字情報をシフトJISコードのテキストファイルとしてディジタル化すると，そのファイルのデータ量は301 488 Bとなる。このように現実的なデータ量というのは大きな数になる傾向があり，長い桁数で表記する不便さがある。

1 000 mを1 kmと表記するのと同様，データ量でも**キロ**を用いる。ただし，1 KB（1キロバイト）は1 024 Bのことと定義されている。実世界では10,

100，1 000 などがキリのよい数（桁上がりの区切りの数）である。一方，コンピュータは 2 進数を使って演算処理を行うため，2 のべき乗が桁上がりの区切りの数になる。1 024（$= 2^{10}$）をキロと定めるほうがなにかと都合がよいために 1 KB $= 2^{10}$ B $=$ 1 024 B（2 進数で 10 000 000 000 B）と定義している。

さらに大きなデータ量を表すために 1 KB の 1 024 倍を 1 MB（**メガ**バイト）と定義する。以降，以下に示す通り，1 024 倍ずつ G（**ギガ**），T（**テラ**）を使う。

1 B ≡ 8 bit

1 KB ≡ 1 024 B $=$ 2^{10} B

1 MB ≡ 1 024 KB $=$ 1 048 576 B $=$ 2^{20} B

1 GB ≡ 1 024 MB $=$ 1 073 741 824 B $=$ 2^{30} B

1 TB ≡ 1 024 GB $=$ 1 099 511 627 776 B $=$ 2^{40} B

ここで，等号≡は左辺を右辺のように定義するという意味で，計算結果という意味ではない。

正確には 1 024 倍ずつ増えるわけだが，データ量を大まかに捉える場合には千倍ずつ増えると思って支障ない。おおむね，キロは千，メガは百万，ギガは十億，テラは兆と憶えればよいだろう。長い桁の数字を表記する際に使うコンマ「,」区切りにも一致する。

実務的には，データ量を示す数字の全部の桁数を正確に表記することはほとんどない。有効数字 1 桁や 2 桁の表記でこと足りる。そもそも K, M などを使うのは桁を短くして大まかにわかりやすく捉えることが目的である。先述の朝刊の文字データ量 301 488 B は，約 300 KB あるいは 0.3 MB と表記するのが妥当である。新聞 1 か月分の文字情報は約 9 MB ということになる。

ここで，ディジタル画像のデータ量について少し考えてみよう。**図 2.11** はスマートフォンで撮影した画像 1 枚（1 ファイル）に関する情報を PC で表示させた結果である。

画像の大きさ，つまり解像度（画素数）は 3 264 × 2 448 であり，一画素の RGB は各 8 bit（計 3 byte）である。結果としてファイルのサイズ（データ量）は 3 264 × 2 448 × 3 B $=$ 23 970 816 B ≒ 23 MB となるはずである。ところが，

（a） カラー画像ファイルの表示例

解像度のこと

大きさ: 3264 x 2448
写真の撮影日: 2012/06/14 9:13
カメラのモデル: iPhone 4S
種類: JPEG イメージ
サイズ: 2.70 MB

新聞10日分の
文字データと同じ

（b） 画像ファイルの情報表示結果

図 2.11　カラー画像のデータ量の例

図中の情報表示では 2.70 MB となっている。これは，画像データに対して数値計算により圧縮処理を施しデータサイズが小さくなるように工夫した結果である。この図の例では，最も一般的な圧縮方法の一つである **JPEG**（ジェイペグ）と呼ばれる規格方式を使って処理している。

ここで留意したいことは，文字データに比べて画像はデータ量が大きいという事実である。新聞 1 日分の文字データが約 0.3 MB なのに対して，たった一枚の画像データは 2.7 MB である。大雑把に言うと画像一つが，圧縮したとしてもおおむね新聞 10 日分に相当するということである。

動画ファイルであれば，さらにデータ量は大きくなる。動画は 1 秒間に画像を 30 枚表示するのが標準的である。動画中のある時刻の画像 1 枚は**フレーム**（frame）と呼ばれるため，標準は毎秒 30 フレームということになる。10 分間の動画であれば 30 フレーム × 60 秒 × 10 分 = 1 800 フレーム分の画像を使う。もちろん動画にも圧縮技術があるので，画像データ量を単純に 1 800 倍する結果にはならない。それでも，動画は上映時間によって画像 1 枚に比べて 2 桁～3 桁以上のデータ量となることは感覚的に知っておくべきである。

データ量の単位としてバイトではなくビットを使う場合もある。それはデータ通信速度（伝送速度，転送速度）を表記するケースである。例えば光ファイバーを介したデータ通信の通信速度は毎秒約 1 Gbit と言われる。毎秒のビット数という意味で **bps**（bits per second）を使い，約 1 Gbps などと表記する。

データ通信でも2進数を使って電圧のオンオフ（光ファイバなら光のオンオフ）によってデータを表す。高速通信では一本のデータ通信線を使い1 bitずつ順番に送受信する（**シリアル通信**，serial communication）†。このため通信速度はビットを単位として表記するのが通例になったと考えられる。

遠隔の通信だけでなく，近接した装置同士でもシリアル通信が使われる場合が多い。代表例は**USB**（universal serial bus）である。PCのマウスや各種周辺装置とのデータ転送はUSBを使うのが一般的である。**USBメモリ**は運搬が簡単な二次記憶としてよく使われる。USB3.0という規格だと通信速度は最大5 Gbpsとされるが，USBメモリで実際にファイル転送の速度を計測すると毎秒50～90 MBである。規格上と実測とで1桁程度の差があることがわかる。

演　習　問　題

〔**2.1**〕 情報を正確に複製できるかという観点でアナログとディジタルを比較考察しなさい。

〔**2.2**〕 図2.2において，量子化誤差に相当する量はグラフのどの部分の長さとして現れるか説明しなさい。また，このグラフの七つの標本点のうち量子化誤差が最小のデータは何番目になるか。

〔**2.3**〕 画像データや音声データの規約にはどのような種類があるか。ファイル形式という観点で調べなさい。

〔**2.4**〕 磁気ディスクとSSDはともにファイル記憶装置だが，その特徴の違いはなにか，調べなさい。

〔**2.5**〕 フルHDの解像度で保存されたカラーの10分間の動画ファイルは，圧縮しない場合，約何バイトとなるか。適切な単位で表記しなさい。さらに，実際にそのような動画ファイルを見つけてファイルサイズを調べ，どのぐらい圧縮が効いているかを確認しなさい。

† 例えば8本のデータ通信線を使いバイト単位で送受信（パラレル通信）するほうが速いように思われる。しかし，複数の長い通信線の時刻を10億分の1秒単位で正確かつ安定して同期させることは困難である。

3章 音声音響言語処理

◆本章のテーマ

本章では，音とその周辺のメディアについて述べる。はじめに，音と聴覚の基本的な性質について解説する。その後で，メディア処理の中で特に重要となる音の例として，人間の声を音楽の二つのジャンルについて詳しく述べる。最後に，声を通じてやり取りされることの多い言葉のメディア処理についても紹介する。

◆本章の構成（キーワード）

3.1　音と聴覚
　　音の 3 要素，音声インタフェース，方向知覚
3.2　音声処理
　　音素，音声認識，音声合成
3.3　ディジタル音楽
　　音楽制作，シンセサイザ，音楽情報処理
3.4　言語処理
　　テキストデータ，自動翻訳

◆本章を学ぶと以下の内容をマスターできます

☞　聴覚の特徴を活かしたインタフェース設計
☞　音声認識と音声合成の基本原理
☞　ディジタル音楽制作の現状
☞　テキストデータの活用と自動翻訳の原理

◆関連書籍

・榎本，飯田，相川：マルチモーダルインタラクション（メディア学大系 4）
・大山，伊藤，吉岡：ミュージックメディア（メディア学大系 9）
・相川，大淵：音声音響インタフェース実践（メディア学大系 13）
・近藤，相川，竹島：視聴覚メディア（メディア学大系 15）

3.1 音 と 聴 覚

3.1.1 音と聴覚の基本的な性質

人間が外界の情報を取得するためのセンサは，いわゆる五感（視覚・視覚・触覚・味覚・嗅覚）に代表される。その中でも，視覚と聴覚の二つが日常生活に占める役割は大きく，人間とメディアとの間のやり取りも，ほとんどがこの二つの感覚を通じて行われる。この二つの重要な感覚のうち，本章では聴覚にまつわるメディアについて紹介しよう。

音は空気の**疎密波**である。光がプリズムによってさまざまな色に分解されるのと同じように，音もさまざまな**周波数**の成分に分解することができる。一般に，人間が聞き取ることができる音の周波数は 20 Hz から 20 000 Hz 程度と言われているが，年齢が高くなるにつれて高音が聞き取れなくなっていくことが多い。

人間が音を感じるとき，その印象を決める要素として，**大きさ・高さ・音色**の三つが重要であると言われている。大きさは音の**振幅**，高さは音の周波数，そして音色はさまざまな周波数を持つ成分の混ざり具合を表している。**図 3.1** に示すように，ピアノの鍵盤をより強く叩けば音が大きくなるし，より右側にある鍵盤を叩けば音が高くなるし，同じ音階をバイオリンで弾けば音色が変わる。

聴覚の持つ重要な性質として，**揮発性**が高いことと，**一覧性**が低いこととが挙げられる。揮発性というのは，ある情報が呈示されても，そのあとすぐにそ

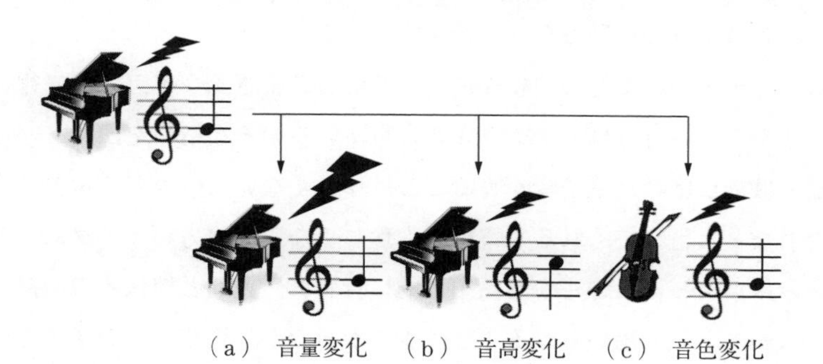

（a） 音量変化　（b） 音高変化　（c） 音色変化

図 3.1 音の 3 要素

の情報がなくなってしまうことを指す。音の情報はすぐに消えてしまうので，大事な情報を聞き逃すと，あとから確認するのは難しい。一方，一覧性とは，大量の情報の概略を一瞬で把握できることを指す。視覚であれば，まずは全体を眺めて概略を把握し，そのあとゆっくりと詳細を調べるということが可能である。一方，音の情報の全体像を把握するためには，全体を聞いてみる必要があり，どうしても時間が掛かってしまう。

このように，視覚に比べて不便なことが多い聴覚であるが，一方で便利な面もある。視覚を通じて情報を得るためには，目を開き，対象となるものを注視しなければばならない。一方，聴覚のセンサはつねに作動状態にあり，音の情報はどんなときでも入ってくる。警報機や目覚まし時計などに音が使われるのは，聴覚の持つこうした特徴に起因しているということができる。

3.1.2 音によるインタフェース

メディア処理に用いられる音響機器は，入力装置としてのマイクと，出力装置としてのスピーカーに代表される。マイクは，空気の振動を振動版の振動に変換し，それによって生み出される電圧の変化を読み取る。電圧の変化は**A–D 変換器**によってディジタル信号となり，さまざまな情報処理が行われる。一方，処理の結果を音として出力する際には，ディジタル信号を**D–A 変換器**によって電圧変化に変え，それによってスピーカーの振動版を振動させる。振動版の振動は空気の振動となり，音が発生する。

スピーカーを用いた音の情報提供は，昔からさまざまなメディアで行われてきた。駅や空港に行けば，アナウンス音声がいろいろな情報を伝えている。電子機器の機能に応じた電子音が鳴ることは珍しくないし，人間の声で「終了しました」などと言ってくれる家電機器も珍しくない。一方，マイクによる音の取り込みは，もっぱら録音か通話を目的に行われ，人間と機械との直接的なインタフェースとして用いられることは少なかったが，近年のメディア処理技術の進展により，話しかけて操作できる電子機器なども増えてきている（**図 3.2**)。また，人間にとっての可聴音とは異なるが，超音波を使った医療機器な

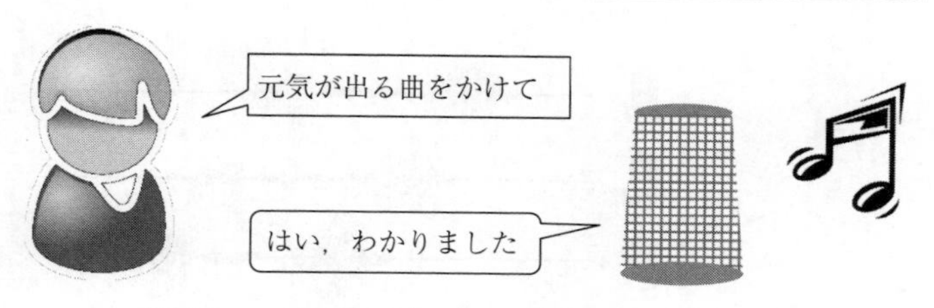

図 3.2 スマートスピーカーの音声インタフェース

ども，音情報を入力装置に用いる例として挙げることができるだろう。

3.1.3 音の方向知覚

人間には耳が二つあり，それによって音が到来する方向を推定することができる。よく知られているのは，左右の耳が感じる音の大きさの違いであり，これを**両耳間強度差**（interaural level dierence：**ILD**）[†] と呼ぶ。音源位置が片側の耳のすぐ近くである場合，到達距離の差により左右の耳の強度が大きく異なる。また，音源位置が遠い場合であっても，片側の耳の方向から音が来た場合，反対側の耳では，聴取者自身の頭部が邪魔になるため，あまり大きく聞こえない。ただし，周波数の低い音は回折効果により頭部を回り込みやすく，左右での強度さが生じにくいという特徴がある。これに対し，左右の耳が感じる音のタイミングの違いを，**両耳間時間差**（interaural time difference：**ITD**）と呼ぶ。空気中の音速は時速 340 m 程度であり，左右の耳の間隔を進むのに 1 ミリ秒程度かかる。この差を検知することができれば，そこから音の到来方向を知ることもできる。ただし，周波数の高い音ではこの距離が音の波長を上回ってしまい，**空間的エイリアシング**と呼ばれる効果により方向知覚が難しくなる。

情報機器で音の到来方向を調べたい場合にも，人間の聴覚と同じように，ILD や ITD を用いた推定を行うことができる。また，より高精度の推定を行うためには，三つ以上のマイクを用いることもある。このように多数のマイクを組み合わせて音を取り込む装置を，**マイクロフォンアレイ**と呼ぶ。**図 3.3** は，

† interaural intensity difference：IID と呼ぶこともある。

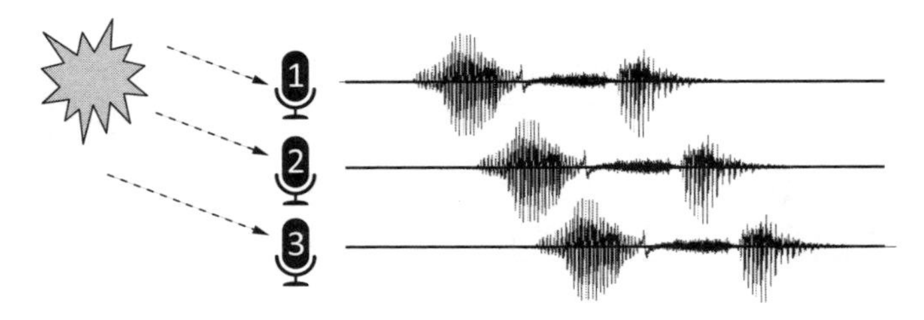

図 3.3　マイクロフォンアレイによる ITD の観測

マイクロフォンアレイが ITD によって音の方向を検知している様子を表している。斜め上方向から来る音は，最初のマイク 1 に，つぎにマイク 2 に，最後にマイク 3 に到達することから，それぞれのマイクが観測する音の信号には，図のように時間のずれが生じる。このずれを測定すれば，音の方向を知ることができる。

マイクロフォンアレイは，音の到来方向を知るだけでなく，特定の方向から来る音だけを選択的に聞き取るために使うこともできることから，近年ではさまざまな機器に内蔵されるようになってきており，スマートフォンが複数のマイクを搭載しているケースなどもある。

3.2　音 声 処 理

3.2.1　音 声 の 特 徴

日常生活で聞こえるさまざまな音の中でも，人間の声（音声）は特に重要なものである。音声は，言語や文化と強く結びついており，住んでいる場所や属している階級の特徴を強く表している。また，音声は人間同士の情報伝達の主たる手段であり，さらに近年では，人間と機械の間の情報伝達手段としても使われるようになっている。そうした情報は，おもに音声に含まれる**言語情報**によって伝えられるが，一方で，声のイントネーションやリズムなどによって，話し手の意図や感情が伝わることもある。通常，文字で表されることのないないイントネーションやリズムなどの情報は，**パラ言語情報**と呼ばれる。

音はもともと連続的なものであるが，音声は限られた数の構成要素の組合せからなる。日本語の場合，平仮名や片仮名で表される単位[†1]を思い浮かべる人が多いだろうが，音声学的には，これをさらに細かく分割し，**音素**（phoneme）と呼ばれる単位で考えるのがよい。例えば，「あさ」という単語を例に考えてみよう。**図3.4**は「あさ」の発声の**スペクトログラム**（横軸に時間，縦軸に周波数を取り，対応する成分の強さを色の濃さで表したもの）であるが，先頭と末尾には縞模様を伴うパターンがあり，その間には全体的にランダムなパターンがある。これらを耳で聴いた音と照らし合わせてみると，先頭と末尾が“a”という母音を表す音素に対応し，中央が“s”という子音を表す音素に対応していることがわかる。また，この音を逆回しで再生してみると，やはり「あさ（asa）」と聞こえることからも，音素が音声の基本単位となっていることがわかる。上記の例に見られるように，母音を発声する際には声帯を震わせて管楽器のように音を出すため，基本となる周波数のほかに，その2倍・3倍などの周波数を持つ**倍音**が綺麗に出て，スペクトルが縞模様になる。一方，子音ではそうした縞模様は見られず，どちらかというと高い周波数帯域に音が広がっている[†2]。

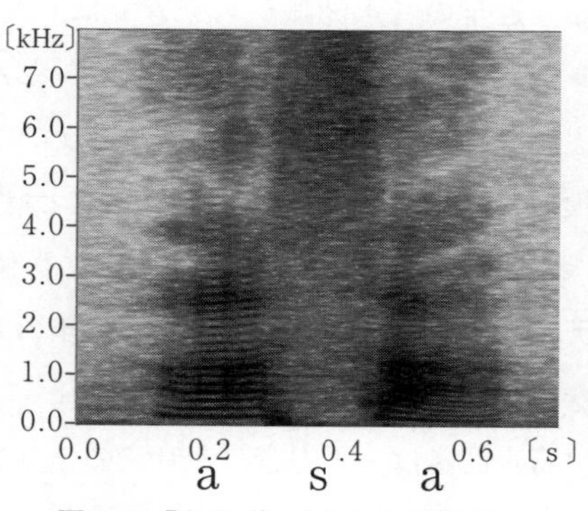

図3.4 「あさ（asa）」という発声のスペクトログラム

3.2.2 音 声 認 識

音声認識とは，人間の声をマイクで取り込み，コンピュータが発話内容を推

†1 「モーラ」と呼ばれる。「音節」ときわめて近い概念であるが，日本語の「ん」「っ」などは，モーラとして扱われる一方，独立した音節とはみなされない。

†2 ただし，“g”や“b”などの有声子音と呼ばれる音では，短時間ではあるが声帯が震え，縞模様が生じる。

定する技術である。古くはコールセンターの自動応答システムやカーナビゲーション装置などで用いられていたが，近年では，スマートフォンやスマートスピーカーなどでも用いられ，応用の範囲を大きく広げている。

音声認識システムでは，まず，さまざまな人の声をあらかじめ用意して，個々の音素に分割したうえで，なんという音素なのかのラベルを付けて，テンプレートとして保存しておく。認識を行うときは，入力された音声をテンプレートと比較し，最も似ているものを見つけることにより，なんという音素が並んでいるのかを確定させる。このような考え方は，**機械学習**（machine learning）と呼ばれる人工知能技術の基本となっている。

同じ “a” という音素であっても，人によって話し方はさまざまなので，単一のテンプレートを用意しておくだけでは高い性能は実現できない。それに対し，近年の音声認識システムでは，大勢の人の声を録音して大規模なテンプレートを用意しておくことにより，どんな人の声であっても認識できる能力を実現している。また，入力音声とテンプレートの比較を行う際に，人間の脳を模倣した**ニューラルネットワーク**と呼ばれる仕組みを活用することにより，「どれぐらい似ているか」を正確に数値化できるようになった。この技術は，**ディープラーニング**と呼ばれ，近年の人工知能研究の代表的な応用例の一つとなっている。

音声認識は，入力音声と音素のテンプレートとを単に比較するだけでなく，言語的な情報により補正を行うことで，大幅な性能向上を実現している。まず，音素の並びを，辞書に登録された「単語」に限定することにより，誤認識を減らすことができる。さらに，単語の並びの確率をあらかじめ計算しておくことにより，めったに表れない単語の並びよりも，よく使われる単語の並びを優先して認識結果として出力することができる。このように，事前に集めたデータから得られる言語的な情報をまとめたものは**言語モデル**と呼ばれ，各音素の音響的な特徴を表す**音響モデル**と合わせて，音声認識システムの中核をなすものとなっている。

3.2.3 音　声　合　成

音声合成とは，文字で表わされた文章をコンピュータに与えると，それを音声に変換して出力する技術である。英語に直訳すると speech synthesis であるが，text to speech（**TTS**）という表現もよく用いられる。

機械が人間の声で情報を提供するという仕組みは，かなり古くから用いられてきたが，その多くは録音再生によるものであった。提供するメッセージが決まったものであれば，録音再生でも十分であるが，どんな言葉を伝えるかが事前にわかっていない場合には，録音データを準備しておくことができない。また，事前に決まっている内容であっても，数千・数万という数のフレーズが必要な場合などには，録音の作業も簡単ではなく，コンピュータが自動的に音声をつくってくれるのであれば，大幅なコスト削減を行うことができる。こうした観点から，近年ではさまざまな場面で音声合成が使われるようになってきている。

日本語の音声合成では，漢字カナ混じりの文章を入力として与え，音声データを得るという形を取ることが多い。日本語には同音異義語が多く，その解釈により正しいイントネーションが変わることから，カナのみではなく漢字の情報も与えることが重要である。とはいえ，漢字カナ混じりの入力を音声に変換するまでには，いくつかのステップを経ていく必要がある（**図 3.5**）。

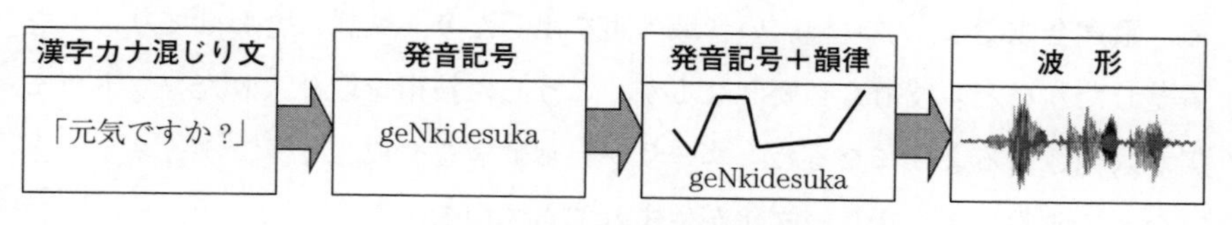

図 3.5　音声合成の処理の流れ

最初のステップは，漢字カナ混じり文を発音記号列に変換するステップである。漢字の読みは辞書データに登録しておけばよいが，一つの漢字が複数の読みを持っている場合もあり，正しい読みを付与するためには，意味理解を含む高度な処理が必要になる†。また，「講師（ko:shi）」と「子牛（koushi）」のよ

† 例えば,「学校へ行った」「宿題を行った」「高速道路を行った」に現れる三つの「行った」に，正しい発音記号列を与えるためのアルゴリズムを考えてみると，決して簡単なものではないことがわかるはずだ。

うに，カナで表すと同じでも，実際の発音は異なるケースもある。

発音記号列が決まったら，つぎにイントネーションや継続長などの**韻律情報**を付与する。この際も，アクセント辞典などのデータが基本になるものの，実際には前後の関係などから自然な韻律を定める必要がある。特に，感情のこもった声を合成したい場合などには，このステップで適切な韻律を設定できるかどうかが鍵となっている。

最後に，韻律を付与した発音記号列を基に，実際の音声波形を生成する。このステップでは，従来は**波形重畳方式**と呼ばれる手法が主流であった。これは，個々の音素に対し，音の高さや前後の音素との関係などを考慮してさまざまな波形データを保持しておき，それらの中から最適なものを選んで切り貼りするという方式である。実際の音声波形をそのまま使用しているので，声の自然性という点ではよいものができやすい。一方，近年では，声のデータをパラメータに変換して保存しておき，それらをつなぎ合わせてから逆変換によって音声波形を生成する方式も普及してきている。この方式では，複数の話者の声を混ぜ合わせたり，日本語話者に英語を話させたりするなど，高度な音声変換が可能となり，応用の幅がさらに広がっている。

音声合成の技術は，普通の話し声だけでなく，歌声の合成にも応用されている。**歌声合成**では，より幅広い音域の声を出したり，楽譜に合わせてリズムを調整したりなどの技術も必要となるが，こうした技術を取り入れたソフトウェアが販売されるようになると，ユーザが自ら歌声を合成してインターネット上でシェアするなど，新しい文化が生まれてきている。

3.3 ディジタル音楽

3.3.1 音楽メディア

音楽を聴くためには演奏会に足を運ぶしかなかった時代が長く続いたあと，蓄音機の発明により，音楽の楽しみ方は大きく変わった。録音した音楽をレコードとして販売できるようになり，多くの人が音楽を楽しめるようになった。レコードのあとにはカセットテープも生まれ，携帯型カセットプレイヤーなども普及したが，そのあとに続いたのがコンパクトディスク（CD）で，ここから音楽はディジタル情報として配布されるようになった。

CDに記録されている音楽データは，音の振幅をそのまま標本化したもので，標準的に用いられる16 bit 44.1 kHzステレオ録音では，1分のデータが約10 Mbyteになる。しかし，mp3フォーマットに代表される圧縮技術により，これが十分の一程度に削減できるようになり，大量の音楽を携帯したり，インターネットを通じて配信したりすることが容易になった。現代では，CDの販売数と音楽配信の数とが同程度にまでなってきている[1)]。

3.3.2 音 楽 制 作

配信のディジタル化だけではなく，音楽制作の現場でもディジタル技術の普及が進んでいる。楽器ごとにディジタル録音されたデータが用意できたら，それらをまとめる**ミキシング**や，最終的な楽曲として仕上げる**マスタリング**の処理は，コンピュータ上で行うことができる。こうした処理には，digital audio workstation（**DAW**）と呼ばれるソフトウェアが用いられるが，近年では一般ユーザでも簡単に使用できるDAWソフトウェアが数多く流通し，ディジタル音楽制作を始める人の敷居を低くしている。

録音をする代わりに，はじめからコンピュータで音をつくってしまう場合には，**シンセサイザ**が用いられる。これも従来は専用機を用いるのが主流であったが，今ではソフトウェアシンセサイザでも十分な機能を持ったものが増えてきている。**図3.6**は，フリーのソフトウェアシンセサイザであるSynth1の画面である。

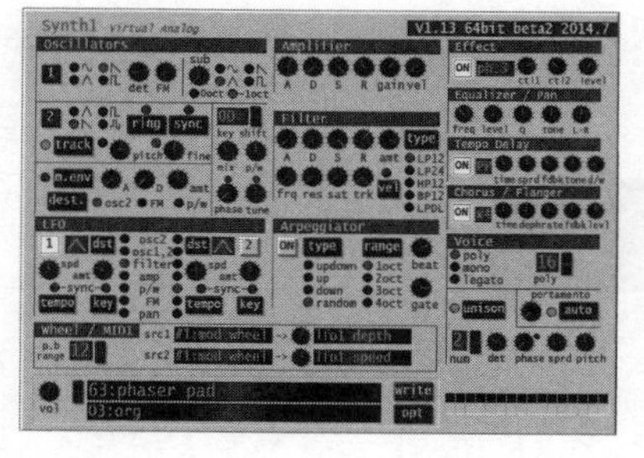

図3.6 ソフトウェアシンセサイザSynth1[2)]

前節で紹介した歌声合成技術の発展により，楽器音だけでなく，ボーカルの音もコンピュータでつくることも可能である。この場合も細かい音程やリズムの調整など，作者の意図を反映させるためのインタフェースを持った編集ソフトウェアが活用されている。

これらに加えて，コンピュータに作曲までもをさせてしまおうという**自動作曲**の試みもある。簡単なアルゴリズムを基に音階列を生成するような試みから，近年ではリアルタイムに作曲プログラムを編集しながら音楽を生成・演奏する**ライブコーディング**というスタイルも生まれてきている。一方で，機械学習技術の発展に伴い，さまざまな曲の特徴をモデル化したものを基に，新たなメロディーを生成するような方法の研究も進んでいる。

3.3.3 音楽情報処理

音楽をつくる側ばかりでなく，すでに存在する音楽データを分析し，さまざまなサービスに反映させようという試みもある。こうした分野は，**音楽情報処理**と呼ばれる。例えば，**自動採譜**の研究では，音楽をコンピュータが聞き取り，五線譜に書き取っていく。単純に音の高さを調べるだけなら，簡単な信号処理でできるが，実際の楽譜にするためには，前後のつながりなどから意味を解釈する必要もあり，ここでは音声認識の研究などで培われた技術が応用されている。また，合奏の音から各パーツの音を取り出す際には，古くから研究されてきた**音源分離**の技術が役立っている。

音楽の検索も，近年重要度が高まってきた分野の一つである。インターネットでの音楽配信に際しては，ユーザが興味を持ちそうな音楽を推薦して購買意欲を高めることが重要であり，そのために，ユーザの購入履歴や，その他の個人属性などを基に，おすすめの楽曲を選ぶアルゴリズムが考えられている。

3.4 言 語 処 理

3.4.1 テキストデータの分析

本章では音と聴覚に関するメディア処理について述べてきたが，音声のところでも触れた通り，聴覚と言語は人間の中で深く結びついている。そこで本節では，言語に関するメディア処理の概略について紹介しよう。

現代のインターネットではさまざまなテキストデータが飛び交い，これを集めて解析用のデータとすることも容易である。それでは，こうしたデータをどのように分析すれば，どのような知見を得ることができるだろうか。

こうした試みは欧米で先行したこともあり，単語をベースに考えることが多い。日本語は単語の分かち書きを行わない言語なので，テキストデータを単語に分割することは必ずしも容易ではないが，最近ではフリーの**形態素解析**ツールが存在し，高い精度で単語分割を行うことができる。こうして得られたデータからは，まず単語の出現頻度に関する情報を得ることができる。この出現頻度を数学で扱うベクトルとみなし，異なる文章から得られたベクトル同士を比較することにより，内容の類似度を調べることができるようになった。**図 3.7** に示すように，どのような文書を解析したかによって，現れる単語の種類や頻度には差が生まれる。さらに，単純な出現頻度だけではなく，前後の単語との組合せの頻度や，品詞情報との関連性などを調べることにより，文章の意味や構造をさまざまな観点から数値化することが可能になった。

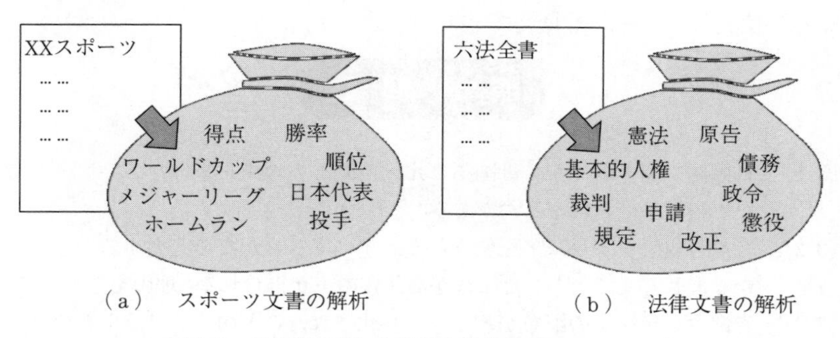

（a）　スポーツ文書の解析　　（b）　法律文書の解析

図 3.7　文書内に現れる単語を数える（bag-of-words）

3.4.2　言語処理の応用

コンピュータによる言語処理が実用化された初期の例としては，戦争における暗号解読が挙げられる。第二次世界大戦におけるドイツ軍の暗号「エニグマ」が，イギリスの数学者チューリング（Alan M. Turing）により解読された逸話は有名である。その後，20世紀後半にはそれほど目立つ分野ではなかったが，21世紀になり，インターネット検索が出現し，言語処理の研究は一躍脚光を浴びることになる。単語と文章，あるいは文書と文章の関連性を数値化できることにより，インターネット上に存在する大量のWebページを組織化し，より高度な情報提供が行えるようになった†。

言語処理技術のもう一つの重要な応用例が，**自動翻訳**である。初期の自動翻訳研究では，文法に基づく変換ルールを人間が考え，プログラムの形で表現した。しかし，**ルールベース翻訳**と呼ばれるこのやり方では，複雑な文型やくだけた言い回しへの対応などが難しく，代わって**事例ベース翻訳**と呼ばれる，大量の対訳データを記憶しておく方法が用いられるようになった。その後，単なる丸暗記ではなく，状況ごとの確率としてデータを活用する**統計ベース翻訳**の方式に移っていった。現在では，単純な統計処理の代わりにニューラルネットワークを用いる方式が主流になりつつある[3)]。音声認識技術と機械翻訳技術の発展により，スマートフォンで簡単に音声翻訳ができるアプリも現れ，海外旅行などで使われるシーンも増えてきている。

演 習 問 題

〔3.1〕 外国語の聞き取りが，母国語に比べて難しい理由を挙げなさい。一つではなく複数挙げられるはずである。

〔3.2〕 音声合成ソフトウェアを使うとき，すべてひらがなで入力するより，漢字かな混じり文で入力したほうが高品質の声が得られる。理由を述べなさい。

〔3.3〕 音楽コンテンツの配布がディジタル化されたことの，メリットとデメリットを一つずつ挙げなさい。

〔3.4〕 音について書かれた大量の文書と，画像について書かれた大量の文書とがある。単語の出現頻度を調べてこれらの文書を分類するとしたら，どんな単語に着目するのがよいか。「音」「画像」以外の例を三つずつ挙げなさい。

---

† 初期のインターネット検索では，ハイパーリンクの分析が基準となっていたが，その後は分析技術も高度化し，さまざまな言語処理技術が取り入れられている。

4章 映像画像 CG 処理

◆本章のテーマ

本章では，画像の入出力について述べる。光の三原色の基本となる視覚細胞の働きについて述べたあと，基本的な画像処理の方法として，明るさや色の調整，フィルタリングとモザイク処理などを紹介する。さらに，画像からその内容を推定する画像認識の技術について解説する。こうした画像入力に対するさまざまな技術に加えて，コンピュータで画像を生成して出力するためのコンピュータグラフィックス技術についても述べる。

◆本章の構成（キーワード）

4.1　画像と視覚
　　光の三原色，立体視，カメラとディスプレイ
4.2　画像処理
　　明るさ，色，フィルタリング
4.3　画像認識
　　テンプレートマッチング，機械学習，ディープラーニング
4.4　コンピュータグラフィックス（CG）
　　可視化，モデリング，レンダリング，アニメーション

◆本章を学ぶと以下の内容をマスターできます

☞ 光の周波数と色覚の関係
☞ 写真などの画像を加工するためのさまざまな技術
☞ 画像認識の基本原理
☞ 3 次元 CG の仕組み

◆関連書籍

・三上，渡辺：CG とゲームの技術（メディア学大系 2）
・近藤，相川，竹島：視聴覚メディア（メディア学大系 15）

4.1 画像と視覚

4.1.1 画像と視覚の基本的な性質

視覚は，五感の中でも最も重要なものであり，人間の情報入力の 80%は視覚を通じて得られるという説もある[1)]。光源から発せられた光，あるいは対象物で反射した光が目のレンズによって集められ，網膜の位置に結像する。これに反応した視細胞が脳へと信号を送り，見たものの情報が得られる。

光は電磁波の一種である。人間が光として見ることができるものは，波長で表すと，下限が 380 nm 程度，上限が 800 nm 程度と言われている[†]。光の波長の違いは，色の違いとして認識される。虹の七色を波長の長い順に並べると，赤・オレンジ・黄色・緑・水色・青・紫となる。もっとも，人間はこうした波長の違いを厳密に見分けるわけではなく，**図 4.1** に示すような波長ごとの感度特性が異なる 3 種類の視細胞（錐体細胞）の反応によって色の違いを見分けている[2)]。この図で，420 と書かれているのがおもに青色に反応する細胞，534 と書かれているのがおもに緑色に反応する細胞，564 と書かれているのがおもに赤色に反応する細胞である。さまざまな色が**三原色**の組合せとして表されるのは，人間がこれら 3 種類の細胞によって色を見分けているためであり，コンピュータディスプレイなどの情報提示も基本的に三原色の組合せを用いている。

人間の視覚は，対象物の色や形だけでなく，対象物までの距離も推定するこ

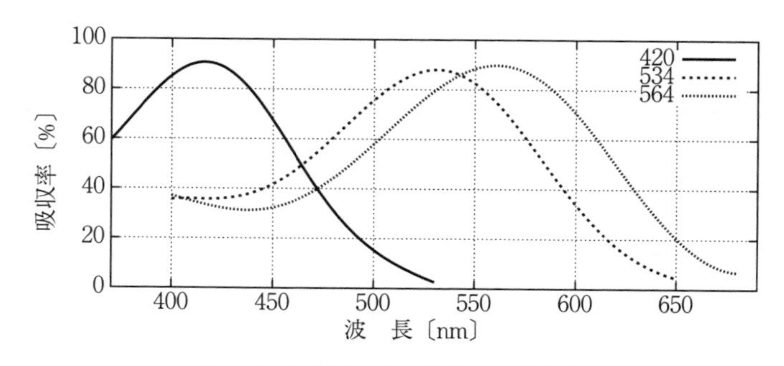

図 4.1　3 種類の錐体細胞の感度特性

† これより波長が長いものが赤外線，短いものが紫外線である。

とができる。そのため，視界に入るさまざまな景観を3次元的に把握することができる。こうした機能は**立体視**と呼ばれる。立体視が可能なのは，左右二つの目で得られる像のずれ（**両眼視差**）の存在が大きな理由であるが，片方の目だけでも多少の遠近感を得ることはできる†。

4.1.2 画像によるインタフェース

画像によるインタフェースは，画像情報をコンピュータに取り込むためのカメラと，画像情報を人間に提示するためのディスプレイとに大別される。一般的な画像処理では，取り込んだ画像に対してなんらかの加工を行い，あるいはそのままの状態で遠隔地に伝送し，それを人間に提示する。一方，画像の入力だけ，あるいは画像の出力だけを行う処理もある。**画像認識**では，取り込んだ画像から，抽象的な情報を取り出すことを目的とする。逆に，**コンピュータグラフィックス**（**CG**）では，抽象的な情報から画像を生成して人間に提示する。

4.2 画　像　処　理

4.2.1 濃淡変換による明るさの調整

画像処理の分野では，入力された画像をより見やすいもの，有用なものにするため，さまざまな変換を行う。その中でも最も基本的なものが，**輝度**と**色**の調整，すなわち**濃淡変換**である。

コンピュータに取り込まれた画像情報は，各画素ごとに，赤（R）緑（G）青（B）の3色の輝度情報として保存されている。Rを大きくすれば赤が濃く，Gを大きくすれば緑が濃くなるなどの変化があるが，まずは全体を均一に変えることを考えてみよう。RGBすべての輝度を均一に大きくすると，画像は明るくなる。さらに大きくし続けると，各画素の値には上限があるので，すべての画素の輝度が上限に達した段階で，画像は真っ白になる。同じように，RGBすべての輝度を小さくしていった場合にも，画像は少しずつ暗くなり，最後は

† 普通のカメラにはレンズが一つしかないが，ピントが合うかどうかで間接的に距離を推定できる。

真っ黒になる。

画像を見やすくするためには，全体の明るさを同じように変えるのではなく，明るいところはより明るく，暗いところはより暗くしたほうがよい場合もある。こうした濃淡変換を**コントラスト変換**と呼ぶ。例えば，最大値が 255 であるような（8 bit の）値で表される輝度に対し，128 以上の値はより大きく，127 以下の値はより小さくするようにすれば，画像の明暗が強調されてくっきりした画像になる。逆に画像全体の印象をぼかしたい場合には，コントラストを弱めればよい。

一般に濃淡変換による調整前後の輝度の対応関係を示すグラフを**トーンカーブ**と呼ぶ。前述した調整は，**図 4.2** の（a）（b）のような，直線的なトーンカーブに対応する。これらの図で，輝度の最大値が 1 になるよう正規化したうえで，横軸は調整前の輝度，縦軸は調整後の輝度を表している。（a）の上の図では画像全体を明るく，下の図では画像全体を暗くしている。同様に，（b）の上の図ではコントラストを強調し，下の図ではコントラストを弱めて

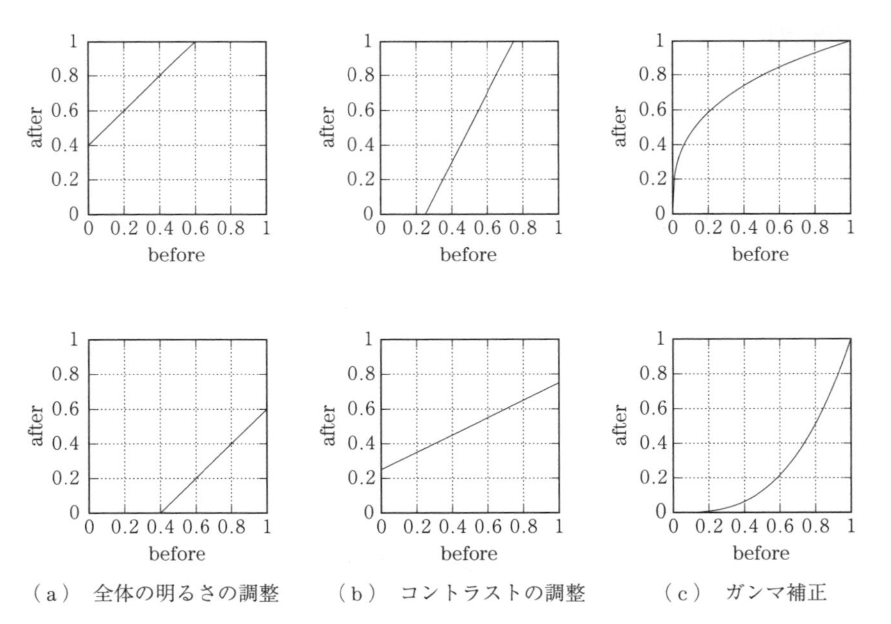

（a） 全体の明るさの調整　（b） コントラストの調整　（c） ガンマ補正

図 4.2　濃淡変換による明るさ調整を示すトーンカーブの例

いる。

これらに対し，図（c）に示すように，調整前と調整後の関係が非線形になるような変換も考えられる。その中でも，$y = x^a$ という形のべき乗関数を考えると，輝度 0 と輝度 1 の点は変換の前後で値が変わらず，それらの間が滑らかな曲線で変換されている。この場合，画像の一部が真っ白になったり真っ黒になったりすることもなく，より自然な形でコントラストが強調されたり（上の図），コントラストを弱めたり（下の図）することができる。こうした手法を**ガンマ補正**と呼ぶ。

4.2.2 色 の 調 整

RGB の画素値をそれぞれ独立に変換すると，画像の色味が変わる。最も簡単な例は，RGB の値が同じになるよう変換してしまうやり方で，例えば RGB のすべての値の平均を取り，その値で RGB の画素値を置き換えてしまう。これは**グレースケール化**と呼ばれる変換である。単純平均の代わりに，重み付き平均 $Y = 0.3\,R + 0.59\,G + 0.11\,B$ を使うことで，人間の知覚に近いグレースケール値（Y 信号，Y-signal）を得ることもできる。

また，グレースケール化の極端な例として，グレースケール化された輝度が閾値より大きい画素を真っ黒に，小さい画素を真っ白にしてしまうこともある。この変換は **2 階調化**あるいは **2 値化**と呼ばれる。

グレースケール化した画像は，文字通り灰色の濃淡画像に見えるが，これにちょっとした変換を加えて雰囲気を変えることもできる。いったんグレースケール化した画素値を，例えば R：G：B ＝ 60：50：36 といった比率に変換することにより，画像全体がセピア色になり，ノスタルジックな雰囲気にすることができる（**セピア化**）。

4.2.3 フィルタリング，モザイク処理，マスク処理

これまでは，各画素を独立して変換する方法について述べてきたが，近接する画素も考慮すると，さらにさまざまな変換が可能になる。各画素での輝度の値を，近接する一定範囲，すなわち近傍の画素の情報に対する演算値で置き換

える方法を**空間フィルタリング**または単に**フィルタリング**と呼ぶ。

ランダムなノイズが存在する場合には，近傍画素の平均を用いる**平均化フィルタ**や，中央値を用いる**メディアンフィルタ**などが用いられる。こうした変換は，画像全体を滑らかにする働きがあるため，**平滑化**（smoothing）とも呼ばれる。これとは逆に，当該画素の輝度に対し，近接する画素の輝度を減算するようなフィルタを用いると，画像の輪郭などをくっきりと見せることができる。こうした手法は**鮮鋭化**（sharpening）とか**エッジ強調**などと呼ばれる。

一定の矩形範囲の近傍画素をまとめて同じ輝度値にしてしまう処理は，**モザイク処理**と呼ばれる（**図 4.3**）。近傍内の全画素の平均値を使うのが最も簡単なモザイク処理である。モザイク処理は，画像のサイズを縮小するのと本質的には同等の処理である。このとき，元の画像が持っている情報の一部が失われるため，いったんモザイク処理を行った画像から，元の画像に復元することは原理的にできない。ただし，近年の機械学習技術の発展により，モザイク処理で欠損した情報を推測することが可能になり，知識に基づく復元ができるようになった。この技術は，低解像度の画像を高解像度に変換する**超解像**と呼ばれる機能にも用いられている。

（a） 元画像

（b） モザイク処理後の画像

図 4.3　モザイク処理の例

画像処理のもう一つの例として，**マスク処理**を挙げておく。画像の中で，対象物が写っている部分など，特定の領域だけを抽出して，ほかの画像と組み合わせることができれば，異なる背景と対象物の組合せなどを実現することができる。このように，特定の領域だけを抽出する処理をマスク処理と呼ぶが，これを自動化できればさまざまな画像の合成が可能になる。自然な画像から特定の領域を抽出するアルゴリズムも存在するが，元の画像を撮影する際に，背景が特定の色になるようセッティングしておけば，対象物の領域だけを抽出することはきわめて簡単になる。こうした目的のために，緑色のシートなどを後ろに広げて撮影を行うことを，**クロマキー処理**と呼ぶ。

4.3 画 像 認 識

4.3.1 画像認識の手法

入力された画像から，そこに移っているものの種類や名称を取り出す処理を，画像認識と呼ぶ。画像認識の中でも最も簡単なものは，被写体の種類や，カメラと被写体の位置関係などが一切変わらないケースである。そういう場合，あらかじめ認識対象を切り出した小さな部分画像（テンプレートと呼ぶ）と，新たに写した画像との類似度を，画素単位で調べていけばよい。こうした手法は**テンプレートマッチング**と呼ばれる。被写体の種類が変わらず，カメラとの位置関係が変わるだけであれば，画像の拡大縮小・平行移動・回転に対応できるテンプレートマッチング手法も存在する。

認識対象がテンプレートと完全に一致しない場合には，単純なテンプレートマッチングでの認識は難しい。そのような場合には，フィルタリングをはじめとした何段階もの処理を経て特徴的な模様の場所（特徴点）を複数抽出し，各特徴点における特徴量を算出する。特徴量をテキスト検索と同じ処理にかけることによって，膨大な画像データ群（特徴量データ群）の中から類似画像を見つけ出すことができる。画像検索でもこのような認識手法が使われている。

さらに，大量のバリエーションを含む正解画像データを用意し，それらの特徴を，統計処理に基づきモデル化する手法が開発された。こうしたアプローチは，**機械学習**と呼ばれ，その後は単なる統計処理の枠を超えて，非常に複雑な特徴も緻密にモデル化できる方式がつぎつぎと生み出されてきた。特に，近年研究が進められている**ディープラーニング**を用いると，従来よりも遥かに高精度の画像認識や画像判別が可能となり，さまざまな分野での実用が進められてきている。

4.3.2　画像処理の応用

最も単純なテンプレートマッチングの例としては，例えばバーコードや QR コードの読み取りが挙げられる。これらはそれぞれの形が完全に定義された図形であり，白黒だけの 2 値画像に限られていることから，認識は非常に容易であるといえる。類似の例として，綺麗に印刷された活字の認識（optical character recognitin：**OCR**）なども，認識対象の変化が少ない例と言えよう。ほかにも，工場のラインを流れる製品形状の判別なども，認識対象が有限の候補に限定される例である。

21 世紀になって大きく普及した画像認識の応用例が，**顔認識**と**車番認識**である。顔認識は，ディジタルカメラの自動フォーカス技術の一つとして普及が進んだ。一方，車番認識は，監視カメラを使った自動車の追尾（いわゆる N システム）に用いられ，犯罪捜査などで利用されている。

ディープラーニングの登場後は，画像認識の精度も格段に向上し，応用例もさまざまな分野に広がってきた。例えば，医療分野では，内視鏡検査の画像から腫瘍の有無を判定するなど，実際の診断に画像認識が活用される例も出てきている。また，顔認識は高精度の個人認識に発展し，スマートフォンの個人認証や，監視カメラからの個人追跡などにも使われるようになっている。

4.4　コンピュータグラフィックス（CG）

4.4.1　CG で使われる技術

コンピュータを用いて画像を生成することを，コンピュータグラフィックス（CG）と呼ぶ。広い意味では，取り込んだ画像を変換して新たな画像をつくることを CG と呼ぶ場合もあるが，狭義の CG とは，入力図形の幾何情報から計算やデータ処理などにより画像内の全画素値を定めていくことを指す。

例えば，一次関数 $y = ax + b$ を定めると，そのグラフは xy 平面上の直線になるので，この関数で与えられる (x, y) の座標が示す画素を明るくしていけば，直線を描くことができる。CG で直線や曲線を描画する際にはパラメータ（媒介変数）で記述する数式を用いる。パラメータを例えば t とすると前述の直線は $x(t) = t$，$y(t) = at + b$ と表される。t の 2 次式や 3 次式や分数式などを使うことにより，放物線や円，波などを描くこともできる。

面を単位とする CG 描画も可能である。基本となるのは塗りつぶしである。

例えば，二次不等式 $y > ax^2 + bx + c$ を定めると，平面上の放物線の上の領域を指定することができる。そこで，この式を満たす (x, y) の画素に色を付けていけば，その領域を塗りつぶすことができる。特によく使われるのは三角形の塗りつぶしである。画面を水平方向にスキャンしながら，2 本の線分の間の画素を指定色で塗りつぶす処理が基本となる。また，単に塗りつぶすだけでなく，一定の法則に従い少しずつ画素の輝度を変えていくことにより，グラデーションを生み出すこともできる。4.4.2 項で述べる 3 次元 CG では，立体モデル表面を多数の細かい三角形により近似表現し，前述のような三角形塗りつぶし処理の繰り返しにより全体の立体形状を描画する。

いったん画像を生成してしまえば，入力図形等の情報を少しずつ変化させて描画を繰り返すことにより，つぎつぎと新しい CG 画像をつくっていくことができる。これら一連の画像を連続的に映写することにより，アニメーション映像ができあがる。アニメーションでは，わずかに変化した画像を大量に生成する必要があることから，こうした CG 技術の有効性が高い。

4.4.2　3　次　元　CG

現実世界においては，3 次元空間に存在する物体が物理法則に従って動き，光を反射する。それを光学的法則の利用により 2 次元平面に撮影した結果として画像を得る。こうした物理現象を再現するためには，仮想的な 3 次元空間を考え，その中で物体の位置や動き，光の当たり方などを記述し，それがどのように見えるかを計算によって求めたほうがよい。こうしたやり方を 3 次元 CG（3DCG）と呼ぶ。

3 次元 CG ソフトの画面の例を**図 4.4**（a）に示す。3 次元 CG は，**モデリング・レンダリング・アニメーション**の三つのプロセスに分けて実現される。モ

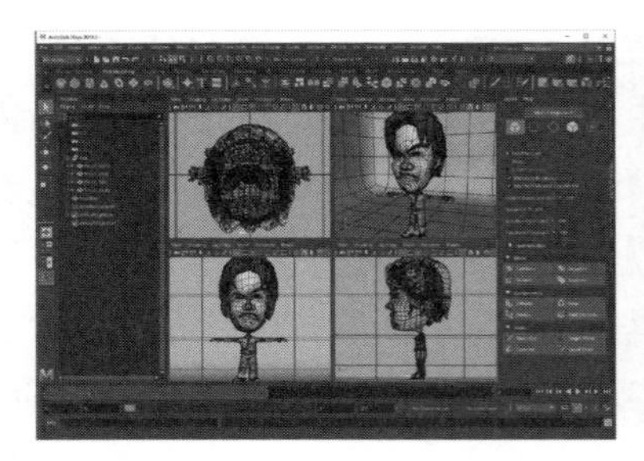

（a） 3 次元 CG ソフトによる
モデリング例〔提供：川島基展〕
〔Autodesk screen shots reprinted courtesy of Autodesk, Inc.〕

（b） レイトレーシングの
出力例[3)]

図 4.4 3 次元 CG によるモデリングとレンダリングの例

デリングは，物体の形状や表面の性質などを定める作業である。**CAD**（computer aided design）と呼ばれる分野では，コンピュータソフトウェアを利用して，デザイナーがモデリングを行う。一方，実際の物や人をそのままモデリングしたい場合には，**3 次元スキャナ**を使って形状のデータを取得する。ほかにも，数式やシミュレーションを用いて，モデルデータを作成することもできる。

レンダリングは，仮想的な 3 次元空間を特定の視点から見た場合に，どのような画像に見えるかを決定する計算処理である。デザイナーは視点と投影面（見える範囲の矩形）を設定する。システム側は空間内の図形（おもに三角形）を，**投影変換**により投影面上の 2 次元図形に変換し，塗りつぶし処理を行う。このとき，物体の後ろにある別の物体を隠す処理（**隠面処理**）や影の生成（**シェーディング**），光の反射の再現なども重要である。映画のような映像制作においては高品質な画像が要求される。そのため一枚の画像の生成に数分から数時間以上もの実行時間をかけてレンダリング計算を行う。代表的な手法は**レイトレーシング**と呼ばれるものである。図（b）はその出力例である。一方，ゲームや VR では 1/30 秒または 1/60 秒以内に画像生成を完了させる**リアルタイムレンダリング**が要求される。リアルタイムレンダリングでは，GPU による三角形塗りつぶしの手法が用いられる。また，通常の物理法則に従うレンダリングを行う代わりに，あえて非現実的な処理を行い，独特なCGを作成することもある。

アニメーションは，ここでは動きの再現処理のことを表す。例えば一連の動きの中での特徴的な形状や姿勢だけモデリングすれば，その間の時間については，それらを連続的に補間することによって滑らかな動きが再現できる（**キーフレームアニメーション**）。また，人間の体の動きを再現する場合には，**モーションキャプチャシステム**を使って実際の演者のポーズを逐一計測することにより，自然な動きが再現できる。一方，多数の物体や流体が相互作用しながら動く場合などには，運動方程式を数値的に解くことで，緻密な動きを再現することができる。こうした手法は**プロシージャルアニメーション**と呼ばれる。

4.4.3 可 視 化

CGの応用分野は，映像制作，ゲーム制作，工業デザイン，医療，VR/AR，地理情報システム，可視化など多岐にわたる†。本項ではこのうち可視化について述べる。

測定やシミュレーションあるいは調査で得られたデータを，人間にとって見やすい形に変換して画像化することを，**可視化**（visualization）と呼ぶ。**図4.5**は人体血管の動脈瘤を計測して得られた血流を3次元CGにより可視化した画像である。血流を見やすくするために流れの追跡結果を多数の曲線によって表

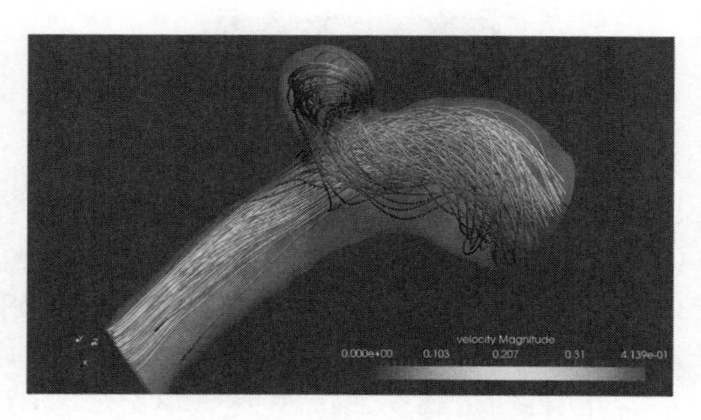

図4.5 動脈瘤付近の血管における血流の可視化結果〔提供：竹島由里子〕（口絵4参照）

† 映像制作，ゲーム制作については8章でふれる。VR/ARについては5.3節で解説する。

現している。流れの遅い場所は青で，速い場所は赤で色付けすることにより，血管のこぶに起因する血流の滞留が一目で確認できる。

可視化で使う手法は3次元CGだけとは限らない。実験のレポートで使うような簡単なグラフ作成も可視化の一種であるが，現実世界の複雑なデータを可視化する際には，さまざまな工夫が用いられる。**図4.6**は，東京の1年間の気温変化を可視化した例で，縦が月に，横が日に対応して，各マス内には1日の中での気温変化が図示されている。色付けの工夫により，全体の傾向をわかりやすくするだけでなく，異常な気温を示す特定の日を簡単に見つけやすくしてある。

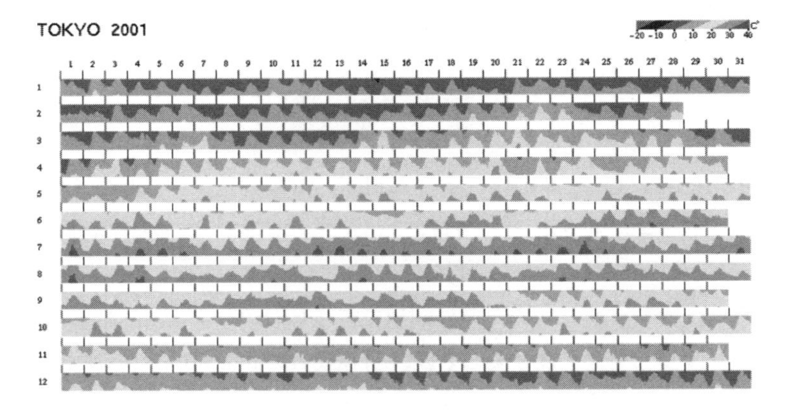

図4.6　東京の1年間の気温変化の可視化例〔提供：斎藤隆文〕（口絵5参照）

演習問題

〔4.1〕　昼間の空は青く見えるが，朝焼けや夕焼けは赤く見える。空気の分子が青い光を反射しやすいことを基に，空の色の見え方の理由を説明しなさい。

〔4.2〕　縦横1 000ピクセルの写真を，画像処理ソフトで縦横100ピクセルに縮小し，そのあと再び縦横1 000ピクセルに戻したら，画像がぼけてしまった。理由を述べなさい。

〔4.3〕　身の回りで，画像認識を使った製品やサービスを五つ挙げなさい。

〔4.4〕　絵画における遠近法の基本は，近くにあるものを大きく，遠くにあるものを小さく描くことである。これを投影変換の観点で説明しなさい。

5章 ヒューマンインタフェース

◆ 本章のテーマ

本章では，人とコンピュータを結び付けるためのヒューマンインタフェースについて解説する。インタフェースの役割について概観したあと，文字に基づくインタフェース（CUI）と画像に基づくインタフェース（GUI）を取り上げ，おのおのの特徴について比較する。さらに，新しいインタフェースとして注目されている，バーチャルリアリティやオーグメンテッドリアリティを紹介する。最後に，これらの部品を組み合わせ，人間にとって使いやすいインタフェースを設計するための注意点について述べる。

◆ 本章の構成（キーワード）

5.1　インタフェースとは
　機械の入出力，さまざまなインタフェース
5.2　CUI と GUI
　CUI の特徴，GUI の特徴，CUI と GUI の比較
5.3　バーチャルリアリティ（VR）
　VR，AR，MR
5.4　インタフェースの設計
　ユーザエクスペリエンス，ユニバーサルデザイン，一貫性・透過性・頑健性

◆ 本章を学ぶと以下の内容をマスターできます

☞ インタフェースの役割
☞ CUI と GUI を使い分けるための考え方
☞ VR の現状と発展技術
☞ よいインタフェースをつくるための注意事項

◆ 関連書籍

・太田：人とコンピュータの関わり（メディア学大系 5）

5.1 インタフェースとは

5.1.1 インタフェースの構成要素

インタフェースという語は，もともとは「物と物とが接触するところ，あるいは接触の仕方」といった意味だったが，電子機器の普及に伴い，「人間が機械（特にコンピュータ）を操作する方法，あるいはフィードバックを受ける方法」といった意味で使われることが多くなった。

コンピュータを操作する際には，人間の意志を的確に伝える必要がある。このような人間の意志を表す情報がコンピュータに対する**入力**となる。一方，コンピュータがなんらかの処理をした結果を人間に伝える場合，結果を表す情報がコンピュータの**出力**となる。どのような情報を，どのような方法で入出力するかというのが，インタフェースの発展の歴史であったと言ってもよいであろう。

5.1.2 さまざまなインタフェース

機器が電子化される前の時代においては，つまみやスイッチによって機械の動作を変えることが，おもな入力方法であった。例えば，自動車のハンドルやペダルなどは，操作に応じて機械の部品が動くようにつくられている。この時代には，機械の役目は物理的な作用であることが多く，情報提示の装置と呼べるものはほとんどなかったが，例えば時計の文字盤と針などは，情報提示装置の一種と言ってもよいであろう。

20 世紀後半に機器の電子化が進むと，それに伴いインタフェースも複雑化してきた。自動交換の電話のために番号の入力のニーズが生じたり，テレビの画面にさまざまな情報が表示されるようになったり，ゲーム機の操作方法にはさまざまなバリエーションが導入された。さらに現代では，バーチャルリアリティや音声入力，脳波による入力など，新しい種類のインタフェースも生まれている。

5.2　CUI　と　GUI

5.2.1　キャラクターベースドユーザインタフェース（CUI）

複雑な命令を実行できるコンピュータに対しては，言葉の形で人間の意図を伝える方法が有効であり，**キーボード**による入力が用いられるようになった。一方，コンピュータからの出力も言葉で表されるため，**ディスプレイ**上に文字を並べて表現するようになった。このような入出力の組合せを，**キャラクターベースドユーザインタフェース**（character-based user interface：**CUI**）と呼ぶ。

一般的なユーザから見ると，CUI は，コマンドを暗記しなければならない，動作結果をすぐに目で見ることができないなどのデメリットがあり，後述する GUI の登場により，徐々に出番を失っていった。しかし，やったことを覚えておきやすい，命令の再現性が高くプログラミングとの相性がよいなどのメリットがあり，じつはいまでも有用性は高い。例えば Windows においても，古くからあるコマンドプロンプトに加え，最近では PowerShell や Windows Terminal といったアプリケーションも開発されている。

5.2.2　グラフィカルユーザインタフェース（GUI）

文字情報の代わりに，画像を使った入出力をおもな手段とするインタフェースを，**グラフィカルユーザインタフェース**（graphical user interface：**GUI**）と呼ぶ。GUI において，入力のおもな手段はマウスやタッチパッドなどのポインティングデバイスであり，出力のおもな手段は，ピクセル単位で描画が可能な**ビットマップディスプレイ**である。

現在幅広く使われている GUI の元となったと言われているのは，Xerox PARC で開発された Alto というコンピュータであるが，その後に開発された Apple の Macintosh が注目を浴び，さらに Microsoft の Windows により決定的な普及に至った。それ以降，パーソナルコンピュータ向けの GUI は，大きな枠組みは敬称しながら少しずつ改良され続けている。一方，2007 年（日本では2008年）に発売されたiPhoneに代表されるスマートフォンでは，複数の指を使った**マルチタッチ**などの新しい技術が取り入れられ，現在に至っている。

5.2.3 CUIとGUIの役割

CUIとGUIを比較するために，**図5.1**に両者のイメージを示してみた。この図からも想像がつく通り，コンピュータを使ってなんらかのメディア処理を行う場合，いまではほとんどの人がGUIを使うであろう。例えば，与えられた画像を10分の1のサイズに縮小したいという場合，GUIを使えば，操作によって画像がどうなるかを確認しながら作業をすることができる。こうした性質は，what you see is what you get（見えているものが得られるものである）という言葉の頭文字を取って**WYSIWYG**などと呼ばれる。

（a）　CUI　　　　（b）　GUI

図5.1　ユーザインタフェースの例

それでは，この作業を1000枚の画像に対して行うことを考えてみよう。1枚分であれば単純でわかりやすい作業も，1000回繰り返すとなれば苦痛であろう。ところが，これがCUIであれば，繰返しの苦労はすべてコンピュータに押し付けることができる。以下に示すのは，magick.exeというコマンドを使って画像の縮小を行う場合に，これを1000回繰り返すためのプログラム例である。

```
import subprocess
for i in range(1000):
    cmd = 'magick.exe L\%d.jpg -resize 10%% S\%d.jpg' % (i,i)
    subprocess.call(cmd,shell=True)
```

ここに示したのはPythonを使った例であるが，わずか4行で済んでしまった。このように，繰返しや条件分岐などを行ったり，複数のコマンドを組み合わせて使用したりする場合には，CUIに基づく方法が便利であることが多い。

5.3 バーチャルリアリティ（VR）

5.3.1 VRの構成要素

コンピュータの中にある情報は，もともと現実の比喩を使って表現されることが多かった。情報をひとまとめにしたものを「ファイル」と呼んだり，画面上に広がるファイルの置き場所を「デスクトップ」と読んだりするのもそのような名残りであろう。とはいえ，それらはあくまで比喩であり，ユーザは画面に示されるものが架空の世界であることを意識しながら操作している。

これに対し，さまざまな技術を駆使して，コンピュータの中の世界と現実世界との区別が付かないようにしてしまおうという試みを，**バーチャルリアリティ**（virtual reality：**VR**）と呼ぶ。広義では，現実であるかのように感じさせるインタフェース全般がVRである。その中でも近年特に注目されているのは，**ヘッドマウンテッドディスプレイ**（head-mounted display：**HMD**）を着用して，360度すべてに画像を表示するとともに，ユーザの動作に合わせて画像の向きを変えるシステムである。**図5.2**に，ヘッドマウンテッドディスプレイと，そこに表示するために撮影した写真の例を示す。

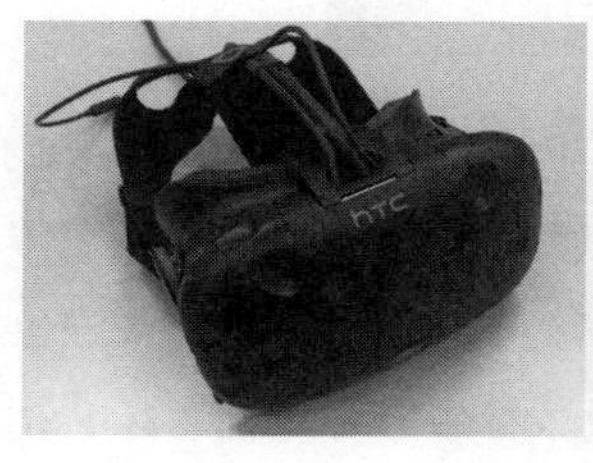

（a） ヘッドマウンテッド ディスプレイ

（b） 360度カメラでの撮影例

図5.2 VRのハードウェアとコンテンツの例

HMDを使ったVRの普及に伴い，そこで再生するための音のリアリティや，それ以外の触覚・味覚・嗅覚などを使ったVRの研究も進められている。また，VR技術を手軽に楽しめるゲーム機や，そのソフトを簡単につくることができるゲームエンジン，あるいは全天周での録画・録音のための機材などの普及により，多くの人がVRコンテンツの作成に携われるようになってきている。

5.3.2　仮想世界と現実世界の融合

VR技術の応用として新たに登場したのが，**オーグメンテッドリアリティ**（augmented reality：**AR**）と呼ばれる技術である。これは，現実世界を映すモニタや眼鏡などに，コンピュータがつくった画像や情報を付加的に表示するものである。映画『ターミネーター』で，ロボットの目に映った映像に，対象物についての情報がオーバーラップして表示されているのも，ARの一例である。近年では，ゲーム『ポケモンGO』などが，ARの成功例として語られることが多い。**図5.3**は，スマートフォンのカメラを利用したARゲームの例である。

図5.3　ARを使ったゲームの例（口絵6参照）

ARは，現実をベースにコンピュータが情報を付加するものだが，現実世界と仮想世界を同等に扱って混ぜ合わせてしまう試みは，**ミックスドリアリティ**（mixed reality：**MR**）と呼ばれる†。また，VR, AR, MRなどを全部まとめてXRと呼ぶこともある。

† 日本語で，VRを仮想現実，ARを拡張現実，MRを複合現実と呼ぶこともある。

5.4　インタフェースの設計

5.4.1　インタフェース設計の基本理念

ユーザインタフェース（user interface：UI）を設計する場合にだれもが考えることは，使いやすくてなおかつ綺麗なものを，ということだろう。しかし，この最初の段階での配慮が不十分だと，つくり込みをどんなに頑張っても，よいインタフェースはできない。

インタフェース設計の場で近年よく使われる言葉として，**ユーザエクスペリエンス**（user experience：**UX**），**ユニバーサルデザイン**（universal design：**UD**）というものがある。UXは，単なる表面的な見栄えや操作感だけでなく，その機械を使ったユーザが得られる体験そのものの価値を高めることが重要だという考えである。例えば，操作をしてから結果が表示されるまで時間が掛かるUIは，あまりよいUIではないかもしれない。しかし，その待ち時間に有益な情報が表示され，ユーザが楽しい時間を過ごすことができれば，それはよいUXであると言える。

UDとは，設計者自身，あるいは設計者が想定する特定のユーザだけにとって便利なのではなく，だれが使っても便利なインタフェースをつくることが重要だという考えである。よく挙げられる例として，シャンプーのボトルに突起が付いていることで，目が見えない人だけでなく，目をつぶっている人もシャンプーとリンスの区別が付くというものがある。また，案内版を多くの人に理解してもらうため，文字ではなく絵を使って表示する**ピクトグラム**（pictogram）の普及も進んでいる。ピクトグラムの設定にあたっても，日本独自の考え方に基づくものではなく，外国人が見てもすぐにわかるデザインへの変更が進められているのも，ユニバーサルデザインに基づく設計と言うことができるだろう。**図5.4**は，（a）駐車場や（b）手荷物受取所のピクトグラムが，だれにでもわかりやすいように変更された例である。

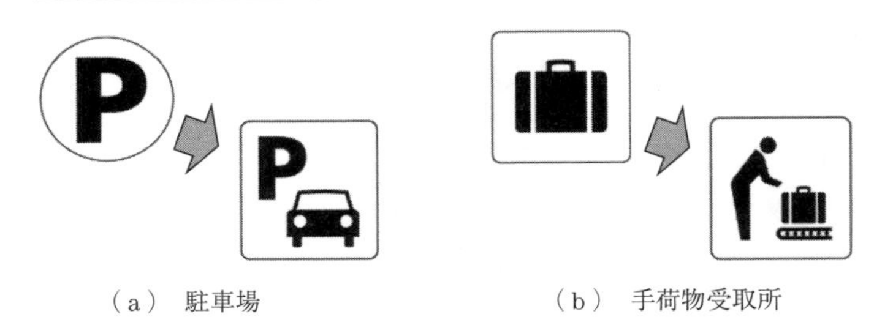

（a） 駐車場　　　（b） 手荷物受取所

図 5.4　ユニバーサルデザインに配慮したピクトグラムの例[1)]

5.4.2 よいインタフェースとは

ここでは，よいインタフェースが満たすべき条件を，いくつか挙げてみよう。まず第一に挙げられるのは，ユーザが目的を達成するまでの手順がなるべく簡単であることで，**経済性**と呼ばれる。コンピュータの場合で言うと，キー入力の数やマウスの移動距離を小さくすること，画面遷移の数を減らすことなどが挙げられる。手順を簡単にすることは，手順を覚えやすいというメリットにもつながる。ただし，実際のシステムでは，意図的に複雑さを残しているケースもある。こうしたことを行う理由として，あまりに速い操作が行われると機器が壊れやすくなる場合や，操作が面倒な無料版から操作が簡単な有料版に誘導したい場合などが挙げられる。

つぎに挙げられる条件として，**一貫性**がある。これは，同じような機能は同じような操作で行われるべきであるという条件である。例えば，ある場面で「実行」を○ボタン，「キャンセル」を×ボタンで行うと決めたら，ほかの場面でも同じにしておかないと，ユーザが実行のつもりで○ボタンを押したのに，キャンセルされてしまうといったことが起きる。

透過性と呼ばれる条件は，システムの内部でなにが起こっているのか，ユーザが把握できるようにするということである。例えば，ボタンを押したときに「ピッ」という音が出ると，システムがボタン押下を検知したということをユーザが知ることができる。もし音が出なければ，「ちゃんと押せたのだろうか」と不安になったユーザが，ボタンを連打してしまうかもしれない。

近年普及が進んでいる音声インタフェースでは，この透過性に問題があることが多い。**図5.5**に示す例のように，誤認識により意図しない機能が呼び出されてしまった場合，ユーザにはどのように誤認識してしまったのかがわからない。そのため，システムの反応がまったく理解できず，ユーザは不安になってしまう。とはいえ，音声認識結果を毎回復唱するのも面倒であり，難しいところである。

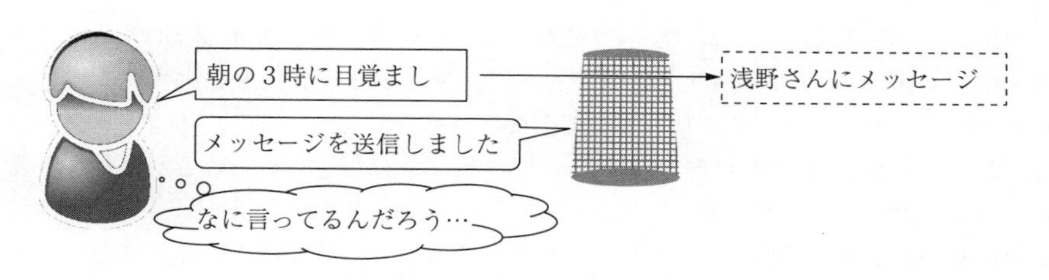

システムは「浅野さんにメッセージ」と誤認識しているが，ユーザはそれを知らないので，なにが起こっているのか理解できない。

図5.5 音声インタフェースの透過性の問題

ユーザの失敗に備えるための**頑健性**も重要である。例えば，カメラや録画装置などで「全消去」という機能を使う場合には，たいてい「全消去を行います。よろしいですか？」といった確認画面が現れる。これは，間違って全消去を行ってしまった場合の損失があまりに大きいので，そうならないよう冗長な処理を入れているのである。また，**アンドゥ（undo）機能**と呼ばれる，直前の動作をなかったことにする機能も，頑健性の実装の一つと言えるだろう。

最後に挙げられる条件として，初心者と熟練者の両立がある。初心者に使いやすいUIをつくるためには，機能の数を限定し，わかりやすいメニュー画面などを用意してやることが必要である。一方，熟練者になると，より複雑な機能を使いたくなる。その際，使い方が多少難しくても構わないであろう。こうした例として，例えばソフトウェアのショートカットキーがある。初心者はメニューから必要なものを見つけて選択するだろうが，熟練者はキーの組合せを暗記しており，一瞬で操作を完結させることができる。

初心者と熟練者はつねに分離して語られるべきものではない。初心者が自然に熟練していくための道筋が用意されていることも，よいUIの条件の一つである。適切なタイミングでヘルプが示されること，使っていく中で上位機能の存在に気づくようになっていることなどが，上達に役立つであろう。

演習問題

〔5.1〕 ゲーム機やゲームソフトで使われている入力装置を10種類挙げなさい。

〔5.2〕 PCのキーボード入力とスマートフォンのフリック入力を比べ，それぞれのメリットやデメリットを考えなさい。

〔5.3〕 自分の身の回りで，ユニバーサルデザインに配慮されていると思われる製品やサービスを見つけなさい。

〔5.4〕 自分の身の回りで，使いにくいインタフェースを挙げなさい。また，なぜ使いにくいのかを考えなさい。

6章 ネットワーク

◆本章のテーマ

本章では，インターネットに代表される情報ネットワークについて述べる。はじめに，情報の伝達の基本について，電話網を例に説明する。つぎに，インターネットの通信で用いられているパケット交換方式について，電話網で用いられる回線交換方式と比較しながら解説する。また，IP アドレスを用いたネットワーク上の存在位置の指定方法や，DNS を使ったドメイン名への変換などについても述べる。最後に，現代のネットワーク社会で問題となるセキュリティや著作権などの問題について説明する。

◆本章の構成（キーワード）

6.1　古典的なネットワーク
　　情報伝達，電話網，回線交換
6.2　インターネット
　　パケット交換，IP アドレス，ルーティング
6.3　現代のネットワーク社会
　　セキュリティ，公開鍵暗号，著作権，個人情報

◆本章を学ぶと以下の内容をマスターできます

☞　情報通信のためのネットワークの種類
☞　回線交換方式とパケット交換方式の違い
☞　インターネット上での所在地の特定方法
☞　セキュリティや個人情報保護に関して注意すべきこと

◆関連書籍

・寺澤，藤澤：メディア ICT（メディア学大系 10）

6.1 古典的なネットワーク

6.1.1 情報伝達

情報伝達の基本は対面での会話である。しかし，**電信電話技術**の発明により，遠隔地にいる人との間での情報伝達が可能になった。相手が一人だけであれば，おたがいの間に通信線を引いておけばよいが，遠隔地の人と話せるということは，大勢の人と話せるということである。N人の人たちが相互に会話をする場合，その組合せは$N(N-1)/2$通りあり，これらすべてを回線で結ぶことは非効率であろう。このような状況で，ユーザ同士を効率的に結びつけるため，**情報ネットワーク**という考え方が生まれた。**図6.1**で，図（a）は12ユーザの全結合の例で，66本の回線が必要になる。図（b）では，1か所の**ハブ**（結束点）と全ユーザを接続することで，12本の回線で済むようになっている。図（c）では，ユーザを三つのグループに分けて，それぞれにハブを設けている。ユーザが広い範囲に分散している場合などは，このようにしてエリアごとにハブを設けることで，各回線が短くて済むようになる。

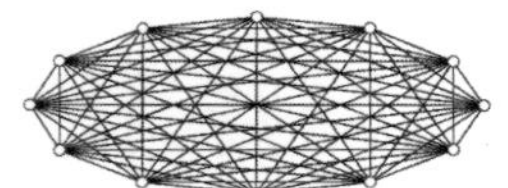
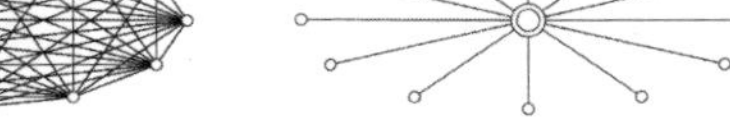
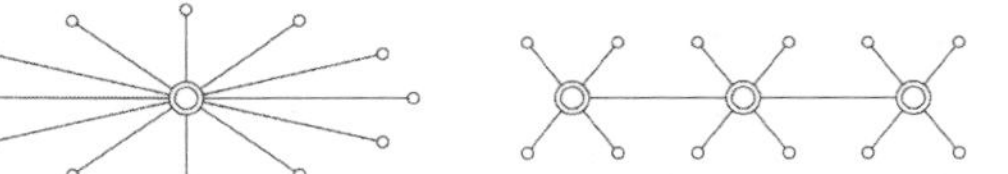

（a） 全結合　（b） 単一のハブで結合　（c） 複数のハブで結合

図6.1 さまざまな形態のネットワーク

6.1.2 電話網

19世紀後半に**電話**が発明されたころ，ユーザ同士の接続はオペレータが手動で行っていた。接続動作を電話局に集約することにより，図（b）のように少ない回線数でだれとでも接続できるようになった。さらに，各地域ごとに電話局を設け，電話局間を別途接続することにより，図（c）の形のネットワークがつくられ，各ユーザは自分の居住地の電話局まで接続するだけで済むようになった。ただし，図（c）での接続では，ユーザと電話局の間だけでなく，電話局相互間の接続も必要となるため，手順が複雑になり，接続に時間も掛かった。その後，20 世紀に入ると**自動交換機**が発明され，ユーザが自分の電話機で番号を指定するだけで相手と接続できるようになった。

手動・自動を問わず，通話を行うユーザ同士を接続し，ユーザが回線を独占的に使用できるようにする方式を，**回線接続方式**と呼ぶ。20 世紀後半ごろまでの電話網はすべて回線接続方式であった。回線接続方式では，いったん接続が確立されれば安定した通話ができるが，多数のユーザが集中した場合には，回線が不足して通話ができなくなることがある。こうした問題は，この後で述べるパケット交換方式を採用したインターネットでは，大きく改善されている。20 世紀後半になると**携帯電話**が普及し，電話網の姿も大きく変わった。携帯電話はつねに移動するため，多数設置された**基地局**がそれぞれ自分の周囲のエリアをカバーし，ユーザは最寄りの基地局を使って通話を行う。**図 6.2** に示すように，移動中に最寄りの基地局が変わってしまった場合には，通話を続けながら別の基地局に接続先を変える**ハンドオーバー技術**なども必要になる。携帯電話網は，近年ではパケット通信によるインターネット利用のために用いられることが多くなり，そのための高速化技術（3G, 4G, 5G など）がつぎつぎと導入されている。

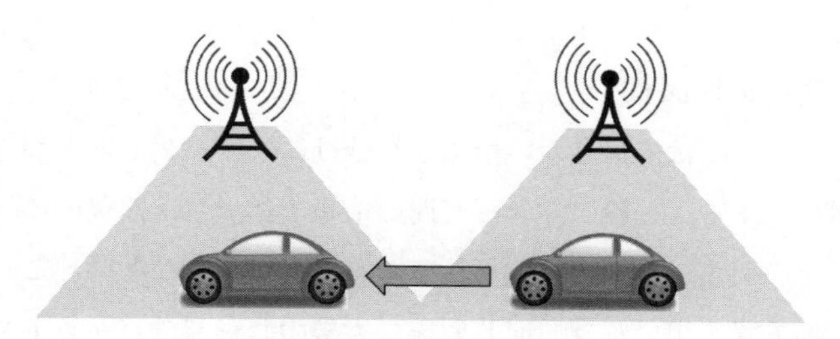

図 6.2　携帯電話基地局のハンドオーバー

6.2 インターネット

6.2.1 インターネットの仕組み

1960 年代から 70 年代にかけて，コンピュータ同士を相互接続させるネットワークが一部の研究者などによって運営されていたが，1980 年代になって，それらをさらに相互接続させようという機運が高まってきた。こうして，ネットワーク同士をつないだネットワークという意味で，「〜間の」という意味の接頭辞 inter を使って，**インターネット**という言葉が生まれた[†1]。

インターネットの成立には，**TCP/IP** と呼ばれる通信技術が大きな役割を果たしている。近年の情報ネットワークは，**OSI** 参照モデルと呼ばれる階層的な考え方に基づいて設計されるが，その用語で言うと，**図 6.3** のネットワーク層にあるのが IP，トランスポート層にあるのが TCP であり，両者を合わせて TCP/IP と呼ぶ。これらの役割について簡単に述べると，ネットワーク層の IP がパケットの送り先の指定などを行い，トランスポート層の TCP が送受信したパケットの整理や確認を行う[†2]。

アプリケーション層
プレゼンテーション層
セッション層
トランスポート層
ネットワーク層
物理層

図 6.3　OSI 参照モデルで定義される七つの層

インターネットはネットワーク同士を接続したものであるが，接続部分で情報の流れをコントロールしたい場合には，**ルーター**と呼ばれる機器を経由して接続させる。ルーターは，通信相手に応じて情報の送信先を制御したり，情報の種類によって取捨選択を行ったりする[†3]。

6.2.2　パケット通信

インターネットでは，送りたい情報を小分けにしてパケットをつくり，それを個別に送受信する。一般に，ユーザ間の情報の送受信は間欠的に行われるものであり，その間ずっと回線を独占しておくことは無駄が多い。これに対し，**パケット交換方式**を用いれば，同じ回線に大勢のユーザのパケットを通すこと

---

† 1　複数の network を接続したものという意味の internet（先頭が小文字）は普通名詞である。しかし，あらゆる network を接続した結果，世界にただ一つの巨大な internet が生まれたため，それを Internet（先頭が大文字）という固有名詞で呼ぶ。

† 2　TCP よりも簡略化したパケット処理を行う UDP というプロトコルも存在する。UDP の通信は高速だが，途中でパケットが損失した場合などのリカバリー能力は低い。

† 3　おもにセキュリティ目的で，ネットワーク接続部分を通過する情報をコントロールする機器をファイアウォールと呼ぶ。ファイアウォールは，ルーターの一機能として実装されている場合もあれば，コンピュータ自身の中にあったり，専用の機器を用いたりする場合もある。

ができ，通信の効率が向上する。また，仮に回線の容量を上回るパケットが送られてきたとしても，即座にエラーになるのではなく，多少の遅延のあとにはパケットが届く。**図 6.4** は回線交換とパケット交換の比較であるが，B さんと C さんが通信を行っているとすると，図（a）の回線交換では，途中の回線をほかの人が使うことはできないので，A さんと D さんが通信することはできない。しかし，図（b）のパケット交換では，B さんが C さんに送ったパケットが通過した直後に，同じ経路を使って A さんから D さん宛のパケットを送ることもできる。それぞれのパケットはミリ秒単位で瞬時に送られるため，ネットワークが極端に混雑していない限り，ユーザが遅延を感じることはない。

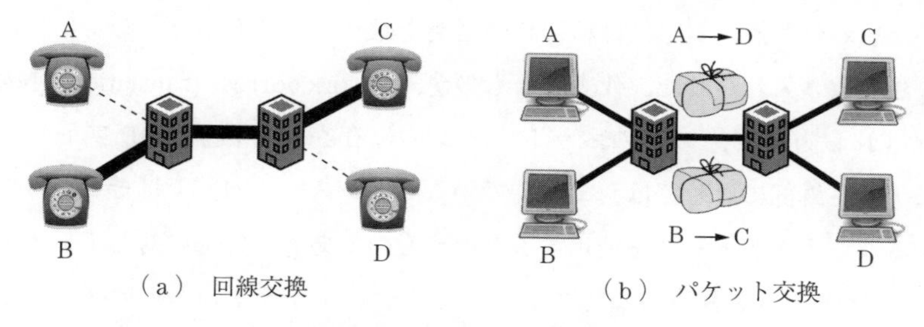

（a） 回線交換　（b） パケット交換

図 6.4 回線交換とパケット交換の比較

パケット交換方式では，ユーザが送信した情報は，あらかじめ決められた一定サイズのパケットに分割され，それに送信元や送信先の情報などが荷札のように付け加えられた状態で，ネットワークに出ていく。ネットワーク上のルーターなどの伝達装置は，送信先の情報を参照しながらバケツリレーのようにパケットを渡していく。つまり，データがどのようなルートを通っていくかは事前には決められておらず，その都度試行錯誤しながら伝えていくことになる。インターネットでのデータのやり取りに対し，「だれが見ているかわからないハガキのようなもの」という比喩が用いられるのは，こうしたパケット通信の仕組みが背景にあると言える。

6.2.3 IP アドレスと URL

世界中を結ぶ巨大なインターネットの中で送信先を特定するためには，ネットワーク上の住所に相当するものを，正確に記述する仕組みが必要になる。この住所のことを**IP アドレス**と呼ぶ。インターネットが普及し始めたころ，この住所の仕組みとして**IPv4**というものが定められ，8 bit の 2 進数（10 進数で表すと 0 から 255）を四つ並べた形（合計 32 bit）で表す方式が定義された。例えば，日本の首相官邸のサーバーの IP アドレスは 202.214.63.114 である。

その後，IPv4 を制定したときの予想を超えたインターネットの発展により，32 bit では IP アドレスが不足するようになってきた。いわゆる IP アドレス枯渇問題である。これに対し，128 bit の数値で表現される新しい IP アドレス記述方法である**IPv6**が定められた。当初は IPv4 から IPv6 への移行が順調に進むかと思われたが，実際には移行時の面倒を嫌うユーザも多く，それに代わる解決法も取り入れられた。代表的なものが，network adrress translation（**NAT**）と呼ばれる方式で，一定のネットワーク内に存在する機器が IP アドレスをシェアし，外部に対してはシェアしているアドレスを，内部ではそこだけで通用するローカルアドレスを使用するというものである。外部に対して個々の機器の IP アドレスを知らせなくてよいため，セキュリティの面でのメリットもあり，いまでは多くの企業や家庭で使用されている。

このように，単なる数字の羅列として表現されるインターネット上のアドレスであるが，人間の感覚から見るとわかりにくい。そこで，IP アドレスとは別に，文字や記号で通信先の場所を表現することが行われる。例えば，前に挙げた首相官邸のサーバーが配信している Web ページを見たい場合には，Web ブラウザのアドレスバーに http://kantei.go.jp/ と打ち込めばよい。このような表現方式を，universal resource locator（**URL**）と呼ぶ。

URL と IP アドレスの変換機能は，domain name system（**DNS**）と呼ばれる。一般に，ネットワーク上のどこかに**DNS サーバー**と呼ばれるコンピュータがあって，URL と IP アドレスの変換データを保持している。一般のコンピュータは，この DNS に URL を送り，IP アドレスに変換してもらってからパケットを送信するという仕組みである。また，DNS を使うことのもう一つのメリットとして，ある URL で表されるコンテンツを，ネットワーク上の異なる場所に移設したとして，DNS のデータを書き換えさえすれば，URL 自体は変換しなくてよいということがある。

6.2.4 ルーティング

実際のパケット送信を考えてみよう。パケットは，まず最初に送信元が所属するネットワーク内を回る。受信者が送信者と同じネットワークに属する場合には，この時点で受信者が見つかり，送信終了である。一方，受信者が別のネットワークに属する場合には，送信者の近くに存在するルーターがこのパケットを受け取り，つぎにどこに送信すべきかを決める。送信先の IP アドレスに応じて最適な転送先を選べるよう，ルーターにはルーティングテーブルという表があらかじめ用意されている。受信者のネットワークが送信者のネットワークと直接接続されているとは限らないので，そこから別のルーターへ，さらに別のルーターへとパケットが移動を続け，最終的な目的地である受信者のところに到達する。

6.3 現代のネットワーク社会

6.3.1 セキュリティ

インターネットはネットワーク同士を相互結合したものであり，個々のネットワークには管理者がいるとしても，インターネット全体を統括して管理している組織は存在しない。そのため，情報が信頼できない組織を通って伝わるかもしれないということに，つねに注意が必要である。

そのような特性を持つインターネットで，ネットショッピングやオンラインバンキングなど，お金に関連するサービスを使えるようになった背景には，**暗号技術**がある。暗号は，その鍵を知っている送信者と受信者しか解読できないものであり，暗号化が施されていれば，クレジットカード番号のような機密情報であってもインターネットで送信することができる。暗号を使った通信では，鍵の交換をどのように行うかが問題であったが，**公開鍵暗号**と呼ばれるアルゴリズムの発明により，個別やり取りなしに鍵の共有ができるようになった。

公開鍵暗号方式では，「閉める（暗号化する）鍵」と「開ける（暗号解除する）鍵」が異なることがポイントとなっている。**図 6.5** に示すように，秘密のメッセージを受け取りたい人は，閉める鍵と開ける鍵をペアで作成し，そのうち閉める鍵だけを全世界に公開する。あとはだれかがその鍵で暗号化したメッセージを送ってくれるのを待つだけである。開ける鍵は自分しか持っていないので，メッセージを他人に傍受されても，内容を見られる心配はない。また，逆のパターンで，開ける鍵だけを公開し，暗号化したメッセージを送信することによって，送信者が自分であることを保証することもできる[†1]。

図 6.5　公開鍵暗号方式で用いる 2 種類の鍵

パスワードによる個人認証も，セキュリティの重要な技術の一つである。ただし，辞書に載っている単語をそのまま使うような単純なパスワードは，繰り返しチャレンジが可能な状況では簡単に破られてしまう[†2]。近年，さまざまな Web サービスでパスワードを多用するようになり，同じパスワードの使いまわしによる**情報漏洩**が問題になっている。

6.3.2　ディジタルデータにまつわる権利

多くのユーザが参入するにつれて便利な装置やサービスが生まれ，インター

---

† 1　ただし，最初に公開した鍵が自分のものであることを証明するのは，インターネット上では簡単ではない。そのため，パソコンを買ったときなどに信頼できる鍵があらかじめインストールされている。

† 2　これに対し，例えば銀行のキャッシュカードなどは，数回失敗するとロックされてしまうため，4 桁数字のような単純な暗証番号であっても破られる危険は小さい。

ネットへの敷居はかつてないほどに低くなっている。一方で，社会的な存在としてのインターネットには，新しい問題が生まれている。

コンテンツの複製や配布が簡単になったことにより，**知的財産権**が問題になることが増えている。中心となるのは**著作権**であり，他者がつくった文章や絵，写真やプログラムなどをコピーする際には，権利侵害をしないよう注意が必要である。とはいえ，自らの作品中で他者の作品をどうしても使わざるを得ないことはある。そのようなときのために，著作権法が定める公正な引用の条件を知っておくことは有用であろう†。

なお，近年の人工知能・機械学習の普及に伴い，2018年に日本の著作権法が改正された。新しい条文では，情報解析を目的とする場合に，他者の著作物を自由に使用できる範囲が大きく広がっており，開発者の自由度が大きく増したと言われている。

個人情報にまつわる問題も重要度が増してきている。一般のユーザは，自分の個人情報が悪用されないかということの確認が重要である。一方，業務などの都合で他者の個人情報を集める場合には，集めた情報の使い方が不適切でないか，個人情報保護法などを参考にしっかり確認すべきである。

演　習　問　題

〔6.1〕　固定電話の通話料金で，市内通話よりも市外通話のほうが高い値段に設定されている理由を考えなさい。

〔6.2〕　手元に動画データを一つ用意して，ファイルサイズを調べなさい。仮にインターネットのパケットが一つ1 024 byte（宛名部分は含まず）だとすると，その動画を送信するのに何個のパケットが必要か。

〔6.3〕　自分のパソコンやスマートフォンをインターネットに接続して，そのときのIPアドレスを調べなさい。

〔6.4〕　インターネット上でフリーの画像を配布しているサイトを見つけ，そのサイトの著作権に関する条項を調べなさい。

---

† 「公開された著作物である」「引用の必然性がある」「主従関係がはっきりしている」「引用部分が明確である」「引用元が明記されている」など。詳しくは専門書を参照のこと。

7章 クリエイティブコンテンツ

◆本章のテーマ

本章はクリエイティブコンテンツの全体像を示す。一言でコンテンツと言ってもさまざまな視点で分類することができる。本章ではコンテンツの特性を左右するさまざまな視点を俯瞰する。また，コンテンツ制作は多くの工程とその工程に必要なスキルを有するスタッフによって成り立っている。コンテンツ制作工程の大別とそこに関わるスタッフについて紹介する。

◆本章の構成（キーワード）

7.1　コンテンツとは
　　映像，ゲーム，音楽・音声，アニメ，媒体，放送・通信，パッケージ，拠点型，リニアコンテンツ，インタラクティブコンテンツ

7.2　コンテンツ制作工程
　　プレプロダクション，プロダクション，ポストプロダクション

7.3　コンテンツ制作に関わるスタッフ
　　プロデューサー，ディレクター（監督），デザイナー，アニメーター，モデラー，プログラマー，エディター

◆本章を学ぶと以下の内容をマスターできます

☞　コンテンツ制作の全体像
☞　リニアコンテンツとインタラクティブコンテンツの違い
☞　コンテンツの制作工程
☞　コンテンツ制作に携わるスタッフと求められる能力

◆関連書籍

・三上，渡辺：CG とゲームの技術（メディア学大系 2）
・近藤，三上：コンテンツクリエーション（メディア学大系 3）

7.1 コンテンツとは

7.1.1 本書で扱うコンテンツとは

コンテンツは中身という意味を持ち，なんらかの媒体によって伝播される内容のことを指す。映画やテレビ，インターネットの放送・通信では，映像作品がコンテンツであり，ゲームやアプリであればそのプログラムがコンテンツである。

一体どこまでがコンテンツに含まれるのかという点では，一般財団法人デジタルコンテンツ協会の出版するデジタルコンテンツ白書を基準に考えたい。基準となる考え方は多々あるが，基準を明確にし，長年にわたり刊行を続けている点と，経済産業省などが施策を打ち出す際に引用されている点から，継続性と信頼性がある。**表7.1**にコンテンツとそれを展開するメディアの分類の例を示す[1)]。

表7.1　主要なコンテンツの記録媒体と流通媒体の例[1)]

メディア区分／コンテンツ区分	パッケージ	ネットワーク	劇場・専用スペース	放送
動画	DVD，ブルーレイ	動画配信	映画 ステージ	地上波 BS CS CATV
音楽・音声	CD DVD，ブルーレイ	音楽配信	カラオケ コンサート	ラジオ
ゲーム	ゲーム機向けソフト	ゲーム機向けソフト配信 オンラインゲーム ソーシャルゲーム	アーケードゲーム	
静止画・テキストほか	書籍 雑誌 新聞 フリーペーパー／マガジン	電子書籍 各種情報配信サービス		
複合型		インターネット広告 モバイル広告		

本書の7章から10章では，この中でも，**映像**（**ライブコンテンツ**，**実写**，**CG**（computer graphics），**アニメ**），**ゲーム**（アプリ，Webも含む），**音楽・音声**を中心に述べていく。これらのコンテンツは，制作者が明確な目的・制作意図を持って創造する**クリエイティブコンテンツ**である。7章から10章で，単にコンテンツと呼ぶ場合はクリエイティブコンテンツを意味する。

コンテンツにはなんらかの目的がある。一般にはコンテンツは**エンタテインメント**の一部として認識されることが多く，「楽しませたい」という目的を想像しやすい。それ以外にも「感動させたい」「笑わせたい」「悲しんでもらいたい」「教えたい」など，さまざまな目的が存在するが総じてユーザが対価（費用や時間）に対して満足させることが重要である。そのため，作品を通じて，制作者の**制作意図**をきちんと視聴者（ユーザ）に伝え，理解してもらうことが重要である[2)]。

7.1.2　コンテンツの媒体

コンテンツは内容そのものであり，それらを伝えるためには，**媒体**（**メディア**）として制作したものを記録する**記録媒体**や視聴者に届けるための**流通媒体**が必要になる。表7.1の分類から代表的なコンテンツの記録媒体と流通媒体を**表7.2**に示す。コンテンツの流通形態はおもにつぎの三つに分類できる。

表7.2　主要なコンテンツの記録媒体と流通媒体の例

コンテンツ	記録媒体	流通媒体
映　画	フィルム，ディジタルデータ	劇場視聴
テレビ	ディジタルデータ （放送用テープ，放送用ディスク）	地上波，衛星，ケーブル通信
ネット動画	ディジタルデータ	インターネット通信
ゲーム	ディジタルデータ （専用ディスク，BD）	パッケージ（物理的な配送）
ダウンロード ゲーム，アプリ	ディジタルデータ	インターネット通信
動画等	BD，DVD	パッケージ（物理的な配送）
書籍，新聞	紙	パッケージ（物理的な配送）

〔1〕 **放送・通信コンテンツ**　動画や音楽，ゲームなどを放送や通信媒体を通じて提供する形態である。放送は**地上波**や**衛星**，**ケーブル**を用いて同時に多数の視聴者にコンテンツを提供できる仕組みである。原則として，放送する番組は放送局によって準備されており，それらを視聴者が選んで視聴する。一部，衛星放送やケーブルテレビなどでは **Pay per View** というサービスで，見たい番組を購入して視聴するサービスもある。

通信は，**インターネット**などを通じてコンテンツを提供する方法である。インターネットの高速化と普及により，音楽や映像，ゲームなどの大容量データの通信も可能になり，広まりを見せている。必要なときにコンテンツを手に入れられる気軽さと SNS（social networking service）などによる作品の口コミ情報もあり，歴史は浅いが影響力の高いメディアになってきている。

〔2〕 **パッケージコンテンツ**　物理的な記録媒体にコンテンツを記録し流通する形態である。**家庭用ゲーム**や映画やアニメが利用する **BD**（blu-ray disc）や **DVD**（digital versatile disc），音楽の CD（compact disc）や**ミュージックビデオ**などがある。家庭用ゲームは，通信サービスがない時代や低速な時代には，高品質なコンテンツをユーザに届ける手段として，パッケージに頼っていた。また，映像においても放送より高い映像品質や音響品質でコンテンツを楽しむ媒体として主要な媒体であった。音楽はゲームや映像と比較してデータ容量が少ないことから，いち早くネットワークコンテンツが主流になったが，高品質な音楽のためにパッケージが存在していた。

近年は，インターネットの高速化により，さまざまなコンテンツのダウンロードや**ストリーミング**が可能になった。それでも，コンテンツを形ある姿として所有でき，通信環境に寄らず高品位に楽しめることから，パッケージは一定の需要があるメディアである。近年では，**4K テレビ**や HDR（high dynamic range）に対応した **UltraHD** 規格による映像コンテンツや，**HiRES オーディオ**など，パッケージコンテンツを高品位に楽しむための規格も登場している。

〔3〕 **拠点型コンテンツ**　物理的な会場でコンテンツを視聴，体験する形態である。映画であれば**映画館**，ゲームは**ゲームセンター**，音楽ライブや演劇

などは劇場や**特設会場**といった形で，拠点においてコンテンツを展開し，そこに視聴者やユーザが足を運ぶ形態である。

地上デジタル放送，インターネットの高速化など放送・通信媒体の高品質化や高速化とそれに応える表示機器，再生機器の高品質化などにより家庭でも，品質の高いコンテンツを視聴できる機会が増えてきている。いまでは放送や通信，パッケージコンテンツにおいて4K品質の動画を視聴することも可能になってきている。家庭用ゲーム機の性能の飛躍もすさまじく，品質の高いゲームを家庭で遊ぶこともできる。

一方でより本物を味わいたいという需要は根強い。インターネットによりコンテンツが身近になった一方で，映画館の迫力ある大スクリーンや音響でコンテンツを楽しみたい層や，体感型のゲームを楽しみたい層，目の前でアイドルやアーティストの歌唱や演奏を見たいという層はむしろ堅調に増加している。

7.1.3　コンテンツと時間

コンテンツは視聴者（ユーザ）に時間を消費させるものであることを強く認識する必要がある。さまざまなコンテンツが混在する中で，人間の時間は限られており，その限られた時間を占有する必要がある。コンテンツ制作の経験の少ない学生が，せっかく制作したものだから（作画素材，撮影素材，CG素材，3Dモデル，ゲームステージなど）すべて盛り込んでしまうケースを目にする。視聴者，ユーザはコンテンツを楽しんでいる間は，自分の時間を消費している。したがって，画面に提示するもの，体験させるものは，ユーザにとって必要なもの，コンテンツの理解のために必要なものでなければ，貴重な時間に対して不必要なものを提供されたと思われてしまう。

7.1.4　リニアコンテンツとインタラクティブコンテンツ

コンテンツはそのコンテンツの視聴（プレイ）スタイルから，**リニアコンテンツ**と**インタラクティブコンテンツ**に大別できる。コンテンツを作成する際に意識してほしいのは，それぞれの特性を活かしてきちんとした**設計**と**制作計画**

を準備する点である。

〔1〕 **リニアコンテンツ**　リニアコンテンツは，制作者が制作した映像や内容が意図した**時間軸**（順序や速度，方向）で一方向に流れるコンテンツである。代表的なコンテンツは，音楽ライブや演劇などのライブコンテンツや，映画やテレビなどの放送コンテンツと，それらを収録したBD，DVDやビデオなどのパッケージコンテンツ，インターネットの動画などである。これらのうち，パッケージコンテンツや記録された映像，インターネット動画は機器や再生ソフトウェア，ブラウザによっては一時停止や逆再生，早送りやスロー再生などは可能だが，それは特殊な視聴方法であり例外である。原則として，多くの人が同時に視聴するコンテンツではこうした視聴もできない。そのため，**図7.1**に示すように，リニアコンテンツは制作者が作成した**ストーリー**に沿って，コンテンツが展開される。全員が同じ時間軸でコンテンツを視聴するため，その**時間軸設計**に対する責任は重大である。ストーリーが理解できるよう，きわめて綿密なストーリー展開と時間設計を行い，誤解や理解不能，興味の喪失を避ける必要がある。

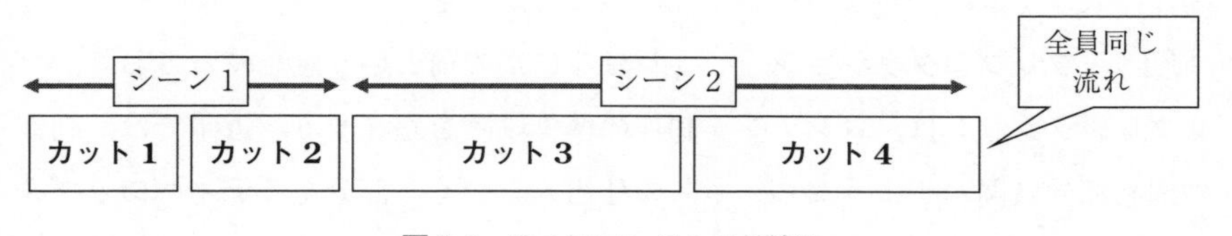

図7.1　リニアコンテンツの流れ

〔2〕 **インタラクティブコンテンツ**　インタラクティブコンテンツは，視聴者（ユーザ）の行動（アクション）により，制作者が用意した映像（またはデータ）が展開され表示されるコンテンツである。代表的なものはゲーム，アプリ，Webコンテンツなどである。

インタラクティブコンテンツでは，あらかじめ用意されたシナリオや設定に従いユーザがプレイしたり閲覧したりするため，**図7.2**に示すようにユーザの操作によって展開されるコンテンツが異なる。そのため，きわめて綿密な全体

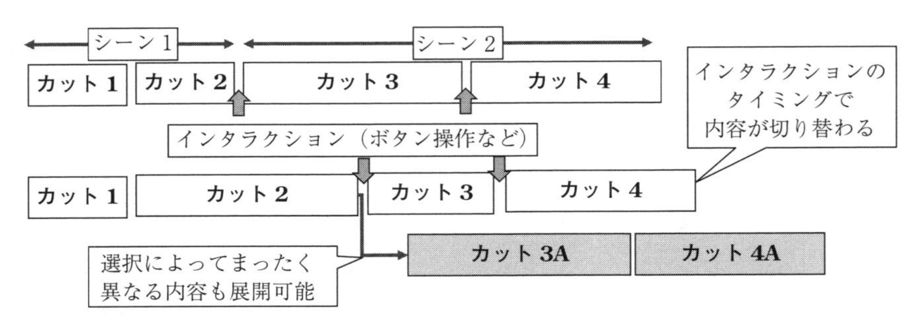

図7.2　インタラクティブコンテンツの時間の流れ

の構造設計，設定，選択に対応したロジックが必要になる。ユーザの操作によって変化するあらゆるケースでのシナリオや設定の整合性を取ることが必要になる。

7.2　コンテンツ制作工程

コンテンツ制作には多くの種類の工程が必要になる。その中でもコンテンツ制作は大きく分けてつぎの三つに分けることができる[3)]。

〔1〕 **プレプロダクション**　プレはなにかの前という意を持っており，プレプロダクションは，コンテンツ制作の準備段階を意味する。近年では，制作の権利部分に関わるようなビジネスの仕組みをつくる部分を「**ディベロップメント**」と呼び区別する例も出てきている。コンテンツ制作の企画や仕様を決める部分である。プレプロダクション段階では，制作に携わる人もそれほど多くないため，長時間かけて煮詰めていくこともある。代表的な制作工程は，**企画**，**シナリオ**，**デザイン**，**設定**，**絵コンテ**，**ロケハン**，**キャスティング**，**舞台製作**などである。

〔2〕 **プロダクション**　コンテンツ制作における実行段階を意味する。プレプロダクション段階で準備した内容に沿って，実際の制作を行う。プロダクション段階では多くのスタッフが集結し，制作を進める。そのため，一度プロダクション段階に入ると，一つの工程の停滞がほかの工程にも大きく影響を及

ぼしてしまう。そのためにも，少人数で実施するプレプロダクションで十分に検討し，集約してプロダクション段階を実行することが大事である。代表的な制作工程は，**作画**，**背景美術**，**彩色**，**撮影**，各種3DCG作業（**3Dモデリング**，**3Dアニメーション**，**レンダリング**），**照明**，**作曲**，**録音**などである。

〔3〕 **ポストプロダクション**　　ポストは「なにかのあとに」という意味を持ち，ポストプロダクションはコンテンツ制作において，素材を利用し，組み上げる活用段階である。撮影した素材やCGによって制作された素材，音素材を，組み合わせて一つのコンテンツとしてまとめ上げていく。実写による作品制作の場合，近年では，CG素材との**合成**が非常に増えており，ポストプロダクションの比重が高まってきている。代表的な制作工程は**合成**，**特殊効果**，**編集**，**MA**，**アフレコ**（アフターレコーディング），**オーサリング**などである。

7.3 コンテンツ制作に関わるスタッフ

コンテンツ制作の工程には，それぞれの工程で特化した技能や技術が必要になる。ひとつひとつの技術を習得するために専門学校や大学などで学んだり，就職後に就業しながら技術を身に付けたりする（OJT：on the job training）。それぞれの技能や技術に対応して，**職掌**（**職務**）が決まり，スタッフとしての名称が付く。さまざまな分野のコンテンツ制作では，それぞれ職掌が異なる。名称が同じであったとしても求められる技能や技術の細かな点は異なる。一方で，制作の上流部分や下流部分では共通する職掌も多くある。具体的にどのような職掌があるかにについては，作品のエンディングに表示される**スタッフロール**で確認できる。

〔1〕 **プロデューサー**　　**プロデューサー**は作品において，**企画立案**，**資金調達**，**作品の完成**，**販売流通**などすべてに責任を持つ，コンテンツ制作における全体のリーダーである。上位にゼネラルプロデューサーや，シニアプロデューサー，下位にアソシエイトプロデューサー，アシスタントプロデューサー，ラインプロデューサーなどが存在することもある。

〔2〕 **ディレクター（監督）**　コンテンツにおける作品そのものの品質に責任を持って統括するのが**ディレクター**であり，**監督**とも呼ばれる。作品全体ではなく各パートの統括をするスタッフとして，**作画監督**，**美術監督**，**撮影監督**，**3D 監督**，**音楽監督**などさまざまな職種が存在する。

〔3〕 **シナリオライター（脚本家）**　**シナリオライター**は映画やアニメなどストーリー性のあるコンテンツにおいて，最初の骨格となる**シナリオ**を制作するスタッフ。ゲームなどの場合は，作品によってはシナリオがそれほど重要視されないものもある。

〔4〕 **デザイナー**　コンテンツにおけるさまざまな要素を**デザイン**するスタッフが**デザイナー**である。作品全体をデザインする**プロダクションデザイナー**，キャラクターをデザインする**キャラクタデザイナー**のほか**美術デザイナー**，**メカデザイナー**など多くの役職がある。また，ゲームなどではゲームの根幹を設計する**ゲームデザイナー**という役職もある。

〔5〕 **演　出**　**演出**は監督に近い役割で，コンテンツの中での演出面を実行するスタッフである。アニメの場合では，**絵コンテ**を作成する役割を担ったり，舞台の演劇やテレビドラマの場合はディレクター（監督）のことを演出と呼んだりする慣習がある。

〔6〕 **実写コンテンツ特有のスタッフ**　実写コンテンツは，カメラによる撮影が基本となるため登場人物や舞台に関する役職が多く存在する。

・俳優　　　　・スタイリスト（衣装・ヘアー・メイク）
・カメラマン　・照明
・録音　　　　・大道具 / 小道具

〔7〕 **アニメーション特有のスタッフ**　アニメーションはキャラクターの動きを一枚一枚描くことで表現するため，独特の役職が多く存在する。

・絵コンテ（演出）　・レイアウト
・原画　　　　　　　・動画
・彩色（仕上げ）　　・背景美術
・3D　　　　　　　　・特効

・撮影

〔8〕 **3DCG 特有のスタッフ**　3DCG（3 次元 CG）はコンピュータの 3 次元空間にキャラクターのモデルなどを配置し，仮想なカメラにより撮影するように計算によって画像を生成する。そのため，独特の役職が多く存在する。

・絵コンテ（演出）　・モデラー（キャラクター・背景）
・テクスチャ，マテリアル　・リガー
・アニメーター　・レイアウト
・ライティング，レンダリング（look dev）
・テクニカルディレクタ（TD），テクニカルアーティスト（TA）

〔9〕 **ゲーム特有のスタッフ**　ゲームはアニメーションや 3DCG の素材をプログラムにより制御し，ユーザの操作に合わせて展開する。そのためこれらの役職に加えゲーム独特のプログラミングに関わる役職が存在する。

・ゲームデザイナー
・上記の 3DCG 特有のスタッフ
・プログラマー（システム・グラフィック・サウンド・ネットワーク）
・2D グラフィッカー
・QA（quality assurance：テスター）

〔10〕 **エフェクト，コンポジット**　特殊効果や実写と CG の合成などを担当するスタッフ。実写や CG，アニメなどさまざまな分野を横断する技術が必要とされる。

〔11〕 **作詞・作曲・演奏・声優・音響制作・録音**　**音楽**，**音響**（**SE**），セリフといった，コンテンツに必要な音に関する制作を行うスタッフ。

〔12〕 **エディター（編集）・MA**　コンテンツを最終的な上映，流通形態にまとめ上げる役割を持つ。音響をひとまとめにする役割は **MA**（master audio）と呼ばれる。エディターは映像と音楽素材をまとめ，時間軸上に並べて演出する。

ゲームなどの場合は，プログラマーがさまざまなアセットを意図通りに読み込むように**実装**する部分が編集に近い意味を持つ。

〔13〕 **制作進行 / プロダクションアシスタント**　コンテンツ制作のさまざまな工程のドキュメントの管理やスタッフたちのスケジュールを管理する役目を担う。

〔14〕 **エンジニア / システムアドミニストレーター**　コンテンツ制作において，コンピュータをはじめとしたディジタル機器は必須である。これらの**ハードウェア**や**ソフトウェア**の保守管理などを行う。また，より高度な作品づくりのために，ソフトウェアやツールの開発をすることもある。また，近年ではネットワークなどを介したデータのやり取りも一般的であるため，社内外のネットワークの構築や整備なども担う。

演　習　問　題

〔**7.1**〕 映像コンテンツを流通媒体（メディア）の違いにより分類しなさい。
〔**7.2**〕 コンテンツの目的を三つ以上挙げ，それに該当する作品を示しなさい。
〔**7.3**〕 リニアコンテンツとインタラクティブコンテンツの違いを述べなさい。

8章 実写映像とCG技術，アニメ技術

◆本章のテーマ

本章はリニアコンテンツの基本的な内容を解説する。リニアコンテンツにはその制作技法によって実写，アニメーション，コンピュータグラフィックス（CG）の三つに大別することができる。いずれの技法を用いたとしても，共通となる映像を構成する基本的な要素である，映像の構成単位やカメラワークなどについて解説する。また，近年の映像制作において比重が高まっているポストプロダクション映像編集とVFX（visual effects）についても触れる。

◆本章の構成（キーワード）

◆本章を学ぶと以下の内容をマスターできます

☞　さまざまな映像制作技法
☞　映像を構成する単位
☞　カメラワークに関する基礎知識
☞　編集の重要性

◆関連書籍

・三上，渡辺：CGとゲームの技術（メディア学大系2）
・近藤，三上：コンテンツクリエーション（メディア学大系3）

8.1 映像制作技法

映像コンテンツは映像素材と音素材を組み合わせることで制作する，映像素材の制作手法にはさまざまな手法がある[1]。

8.1.1 実　　　写

カメラを利用して実空間を撮影し映像として記録する手法である。記録媒体は，**フィルム**，**ビデオ**，**ディスク**，**メモリ**などがある。撮影のためには，現実の空間に加えて，**被写体**となる人物や物体が必要になる。実写は現実の空間や人物を利用することで，カメラの品質に応じた映像を記録することができる。一方で空間や人物のありのままを記録するため，天候，時間，空間や配置，人間（演技している人の能力や，通行人など）の制約を受ける。映像は基本的に実時間で記録され，撮影した時間分の映像が記録媒体に録画される。実時間記録以外にも特殊な撮影機材を利用することで特徴的な撮影も可能である。**ハイスピードカメラ**を利用した**スローモーション**や，**タイムラプス映像**を利用した時間経過を表現する映像はその一例である[2]。

8.1.2 アニメーション

アニメーションは命を吹き込むという意味を持ち，紙に画を描いたり，人形を動かしたりして動きを与え，それを１コマ１コマ撮影する技法である。一般的に劇場やテレビで見るのは**セルアニメーション**と呼ばれるアニメーション手法である。従来のセルアニメーションではこの撮影工程はフィルムを用いた**撮影**であった。現在は紙に描いた**手描き**の素材をコンピュータ上で**スキャン**したり，直接コンピュータ上で描画したキャラクターの素材と背景やその他特殊効果の素材とを合成したりすることで１コマずつ作成している。

そのほかにも，切り絵を用いて動きを表現したり（**切絵アニメーション**），人形（**人形アニメーション**）や粘土（**クレイアニメーション**）を利用して動きを表現したりするものもある。これらは**ストップモーションアニメーション**と呼ばれ，1コマ1コマ撮影して動きを作成するものである。いずれの手法も連続的な画を1枚1枚描画したり撮影したりすることで動きを表現するため，生成するために多くの時間を必要とする。

また，後述する**CG**もアニメーション制作に利用されるようになっている。CGは計算による画像の出力であるものの1コマ1コマ出力する点は，ほかのアニメーションの技法と同様である[3)]。

8.1.3 コンピュータグラフィックス（CG）

コンピュータを利用して画像を生成する手法である。実写映像をコンピュータに取り込んで特殊効果を行ったり，コンピュータを用いてゼロから画像を生成したりする。2次元の平面にCGを描いたり映像素材に処理を加えていく**2DCG**（**2次元CG**）や，3次元空間にモデルを配置し，描画処理（**レンダリング**）によって画像を出力する**3DCG**（**3次元CG**）がある。1コマ（1フレーム）の画像を生成したり出力したりするためには，速い場合は数百分の1秒，遅い場合は数時間あるいは数日必要になったりする。これを毎秒30～60フ

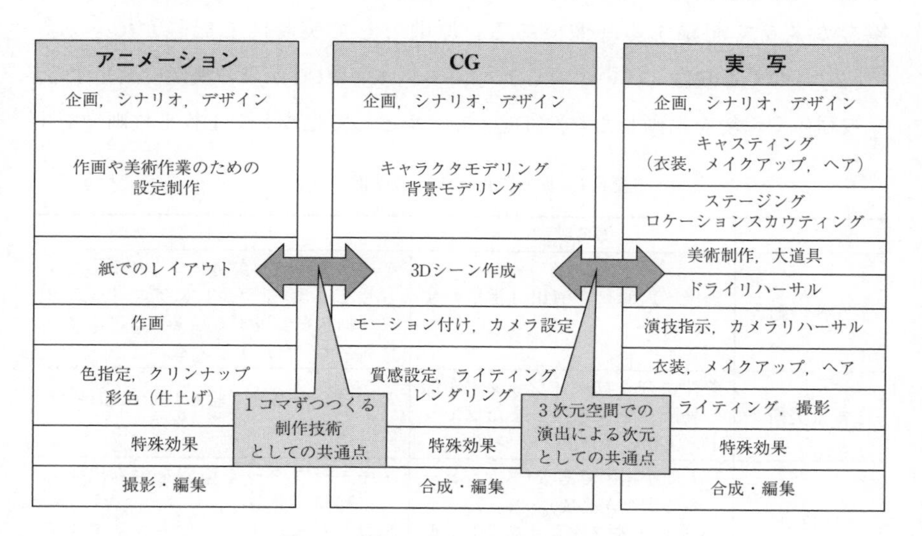

図8.1　実写，アニメ，CGの制作工程

レームで処理するのが**リアルタイム CG 技術**である。ゲームはこのリアルタイム CG 技術を用いて，ユーザの操作に応じてゲーム内のキャラクターを動かし，2 次元や 3 次元空間内の変化を逐一表示している[4),5)]。

現在の映像制作は素材が実写で撮影したものであっても，最終的にコンピュータ上で調整や編集をすることから，ある意味ほぼすべての映像が CG 処理されていると言っても過言ではない。CG は**図 8.1** に示すようにアニメーションとの間には 1 コマ 1 コマ制作する点，実写とは 3 次元空間での制作の点が共通であり工程間に共通性が見られる。

8.1.4　撮る映像とつくる映像

映像コンテンツを制作技法によって三つに大別したが，制作技法以前に「**撮る映像**」と「**つくる映像**」という二つの区分を考えることができる。これらは制作のプレプロダクション（準備）やプロダクション（実行）に際して，それぞれ異なる点に注意が必要になる。

〔1〕 **撮る映像**　いわゆる実写がこのコンテンツに該当する。被写体や環境をカメラで記録する映像である。原則として実時間で記録ができる。

〔2〕 **つくる映像**　いわゆるアニメーションやCGがこの映像に該当する。

被写体や環境を描画したり，3DCG モデルとして生成して 1 枚 1 枚画像を生

表 8.1　撮る映像とつくる映像の違い

	撮る映像	つくる映像
被写体の動き	俳優（人間）を演出（指示）する。	キャラクター（人間がつくり出した絵もしくは 3D モデル）にアニメーション（動きを表現する絵またはアニメーションデータ）を与える。
背景美術	条件に合うロケーション（実際の場所）を探し出すまたはセット（実物の模造品）をつくる。	条件に合う環境（絵もしくは 3D モデル）をつくる。
注意点	・人間が相手である（スケジュールの調整が必要）。 ・「自然」やスタジオをアレンジする。	・キャラクターや環境を生み出すのに時間が掛かる。 ・コンピュータとソフトウェアをアレンジする。

成したりする。手描きアニメーション場合は文字通り1枚1枚描画，着色する。また，ストップモーションアニメーションの場合は1枚1枚撮影していく。

これらのコンテンツをつくるうえでポイントになる点を**表 8.1** にまとめる。

8.2　映像コンテンツの基礎

8.2.1　映像の構成要素

映像作品は編集段階で再構成されて，視聴者にストーリーや状況を伝達することができる。完成された映像にはつぎのような構成要素がある。

〔1〕 **ショット**　1台のカメラで連続的に撮影（生成）された，映像の最小単位。カメラにより撮影された状態やCGによって生成された状態のこと。

〔2〕 **カット**　1台のカメラで連続的に撮影（生成）された，映像の最小単位であるショットのうち必要な部分を**トリミング**し，編集されたもの（**図 8.2**）。はじめから切り取る前提で制作するアニメではショットという言葉を用いずにカットと呼ぶのが一般的である。

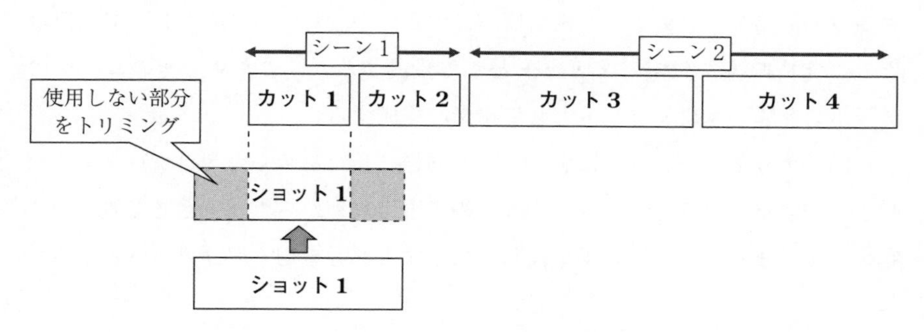

図 8.2　ショットとカットの違い

〔3〕 **シーン**　同一の場所（舞台）で展開されるカットの集合体。シーンによっては一つのカットだけで成り立っている場合もある。

〔4〕 **シークエンス**　複数のシーンによって構成されるストーリー上同じ役割を持ったシーンの集合体である。

例：パーティのシークエンス（部屋の中とベランダや屋外など複数のシーン）
例：バトルのシークエンス（戦場と指令本部や本陣など複数のシーン）

8.2.2　構成要素の設計タイミング

映像の構成要素は制作工程が進む中で設計され，実際に作成されていく。実写，アニメーション，CG など制作技法によって異なる部分もある。一般的に大きな構成要素から設計されていく。

〔1〕 **シークエンス**　企画の早い段階で映像の内容を検討する**プロット**段階・ストーリー構築段階でおおまかな出来事を設計する。その際，明確にシークエンスの想定という工程はないが，出来事の設計を通じてシークエンスを設計する。

〔2〕 **シーン**　シーンは，シナリオ段階や構成段階で設計する。シナリオでは，シーン番号，場所（内外），時間帯，**ト書き**，**セリフ**を記載しシーンを明確にする。

〔3〕 **ショット**　ショットは実写や CG の場合に絵コンテや**カメラブロッキング**の段階で，どのような画面構成にするのか設計する。絵コンテでは原則として完成映像を想定してカットとして設計する。そのため，そのコンテのカットの想定を基にショットとして撮影，作成する。

〔4〕 **カット**　カットはショットと同様に絵コンテやカメラブロッキングによって設計される。アニメーションの場合は当初からカットとして設計し，生成する。またショットは編集段階で使用する部分を切り取りカットとなる。

8.2.3　映像制作手法ごとの構成要素生成手段

映像の構成要素は，制作手法によって異なる方法で生成していく。また，制作手法によっては，制作する単位に違いがある。

〔1〕 **実写撮影**　実写はシーン単位で撮影計画を立て，実施する。一連の撮影の 1 台のカメラによる映像が一つのショットになる。複数のカメラを使用すると，同時に複数のショットを撮影可能になる。

〔2〕 **CGによる画像生成** CGの場合はシーン単位で制作を計画したうえで実行する。3DCGの場合は環境モデルなどを並べたシーンを構築しそのデータを利用して複数のショットを生成する。実写同様，1台のカメラによる映像が一つのショットになり，CGは台数や位置の制限なくカメラが設置可能なうえに，CGのカメラはほかのカメラからは見えないため大胆な位置に設置することもできる。**図8.3**はCGにおけるモデルやカメラの概念図である。

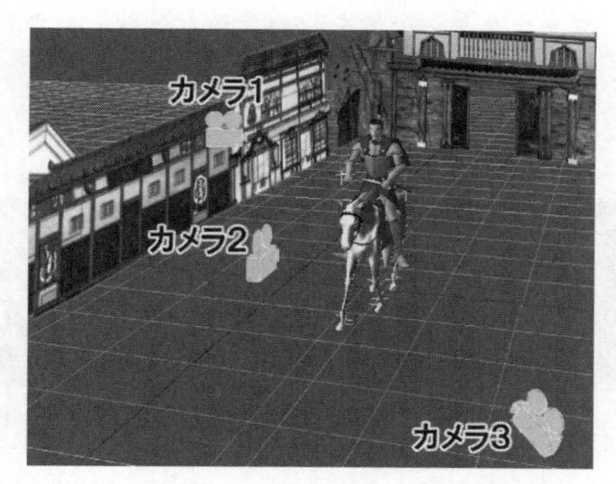

図8.3 CGの概念図〔提供：東京工科大学クリエイティブラボ〕（口絵7参照）

〔3〕 **アニメーションによる画像生成（作画）段階（カット）** アニメーションはカット単位で作業を行う。キャラクターの作画の指示，背景美術の制作などもカット単位である。また，制作管理もカット単位で行う。

8.2.4 画 面 構 成

実写の場合は物理的にカメラを設置し操作する。3DCGの場合は空間に仮想のカメラを配置し設定し画像を生成する。アニメの場合は，空間を想定して作画により表現する。さらにアニメや2DCGは1枚の画や画像を撮影する際に物理的なカメラや仮想的なカメラを操作，設定することでも表現可能である。ここではそうした映像を表現するときに重要なカメラワークやショットの概念を紹介する[5)]。

〔1〕 **ショットサイズ**　　ショットサイズとは登場人物を画面に収める際のサイズである。代表的なものはつぎの通りである（**図8.4**）[6]。

・**クローズアップショット**：人物の顔をフレームに収めたサイズ。

・**ミディアムショット**：上半身を収めたショット（ウエストショットや**バストショット**などさらに細かな分類もある）人物の表情やしぐさを自然に見せることができる。

・**フルショット**：キャラクター全体を収めたショット。全身のポーズや動きなどを示すことができる。

・**ロングショット**：カメラを引いてさらに全体を見ることができるサイズ。

（a） クローズアップショット

（b） ミディアムショット

（c） フルショット

（d） ロングショット

図8.4　ショットサイズの例[6]〔出典：「入門CGデザイン -改訂新版-」（CG-ARTS）〕（口絵8参照）

〔2〕 **カメラアングル**　　カメラアングルはカメラを設置する高さに起因し，被写体を捉える際の角度のことである。

・**ハイアングル**（俯瞰）：高い位置から全体を見下ろすアングルで全体把握ができる。

・**ローアングル**（あおり）：低い位置から見上げるアングルで巨大さや威圧感を演出することができる。

・**アイレベル**（**目高**）：現実的な視点で安定したアングル。

〔3〕 **カメラワーク**　　カメラワークは被写体をカメラで追う際などのカメラの動きのことである。

・**パ　ン**：カメラの位置を固定したまま左右に振って撮影することで，広い範囲の表現や，キャラクターの動きなどを追従することができる。

・**ティルト**：パンが横方向に対してティルトは上下方向に振る演出。

・**トラッキング**：カメラを移動させながら撮影する方法。前後左右上下の移動やレール上の移動などがある。

・**ズーム**：カメラの画角を変化させることで拡大縮小する。

・**フォーカス送り**：焦点を合わす対象を変えることで注目してもらいたい場所を変化させるカメラワーク（レンズワーク）。

8.3 映　像　編　集

8.3.1 連　続　性

編集は撮影（実写），生成（CG），描画（アニメ）した素材をつなぎ，サウンドと合わせて，一連の映像を生成する工程である。ワンショットで作品を成立させてしまう技法もあるがこれは例外である。ショットをつなぐ際にはさまざまな点に注意が必要である[5)]。

〔1〕 **時間の連続性**　前のシーンやショットで起きた変化を正しくつなげることに注意が必要である。割れたガラス，壊れた小道具，受けた傷など，前のカットの状況と合致させる必要がある。実写の撮影などでは撮影の順番を前後させることもある。また，CG やアニメでは別の人が連続するシーンやカットを作成することもあるため，注意が必要である。

〔2〕 **空間の連続性**　全体を見せるショットと見せたいアクションのショットをつなぐことで類推性を持たすことができる。また，キャラクターが進行する方向性も大事で画面右に向かって移動したキャラクターがつぎのカットで左に向かってくると，引き返したように感じてしまう。登場人物の画面上での配置に連続性を持たせないと，空間での位置関係が不明瞭になってしまう。

〔3〕 **論理の連続性**　論理的に連続性のある映像をつなぐと，本来，別々のものであったとしても同一のものと認識する。例えば，建物外観と内部のような映像を連続してつなぐと，たとえ異なった場所であっても，その建物の内部であると認識できる。このほかにも，プレゼントの箱を空ける映像のあとに

アクセサリーを載せた手のひらの映像をつなげれば，実際は空き箱であったとしても，中身がアクセサリーであったことが認識できる。

8.3.2　編集理論とクレショフ効果

編集理論として著名なのは，**モンタージュ理論**であり，**クレショフ**（Lev Kuleshov）が提唱した。クレショフはまったく同一の男優のクローズアップショットの前に異なる映像を挿入し観客の反応を調査した。その結果，意味が違って受け取られていたことを示し，映像編集によりさまざまな意味を持たせることができることを示した。これがクレショフ効果と呼ばれるもので，モンタージュ理論を証明する実験の一つである（**図 8.5**）[5)]。

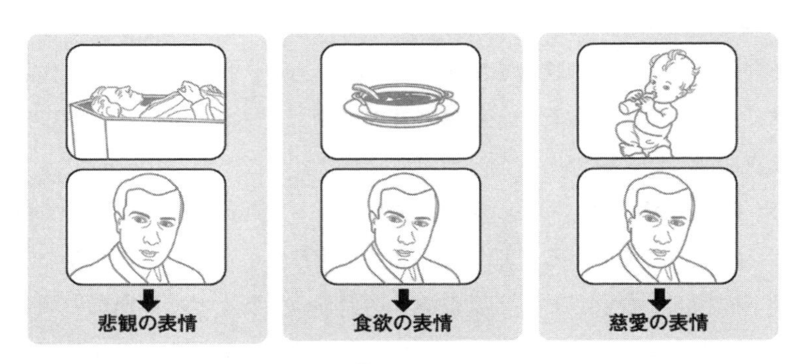

図 8.5　クレショフ効果[5)]〔出典：「ディジタル映像表現 -改訂新版-」（CG-ARTS）〕

8.3.3　映像のつなぎかた

編集の際には異なるカットをつないでいく。同じ映像をつなぐ場合でも，つなぎ方によって異なる印象を与えることができる。カットをつなぐ順番だけでなくつなぎ方を工夫することでさまざまな表現が可能である。

〔1〕**カットつなぎ**　　特別な効果を与えず，すぐにつぎのカットに切り替わる通常のつなぎ方である。連続性がきちんと保たれていれば自然につながる。

〔2〕**フェードイン/フェードアウト**　　フェードインは暗い状態から徐々

に画像が出てくる技法である。フェードアウトはこれとは逆に画像が徐々に暗くなっていく。時間の経過やストーリーの変化などに利用できる。

〔3〕 **オーバーラップ（ディゾルブ）** 二つの画像を重ね合わせながら切り替える手法である。時間の移り変わりや場所の変化を表現できる。

〔4〕 **ワイプ** 車のワイパーのようにふき取るようにつぎの画面が出てくる技法である。横方向や，中央から円形などさまざまな形状がある。異なる場所で同時刻に起きている出来事を示し，どちらかに視点を切り替えるときなどに利用できる。また，画面を切り替えずに，画面内の小窓に映像を映し出す際にも利用する。バラエティ番組でVTRを放送中にスタジオのタレントの反応を移すような演出でも利用される[2),5),7)]。

8.3.4 合成・CG/VFX編集

現在の映像制作においてディジタル処理は必須になっている。撮影，制作した素材の色味の調整や，ばれ消しと呼ばれるような，不要な対象物の除去など，特別な映像効果を求めない場合でも，コンピュータ上での映像の処理は必須である。さらに，現在の映像制作では，実写素材同士や，実写素材とCG素材，CG素材とCG素材などありとあらゆる組合せの合成表現や，**視覚効果**なしに映像制作は困難である。そのため，合成やCG/VFX作業の発生するポストプロダクションの作業は増大しており，制作期間がより多く必要になってきている[8)]。

8.3.5 マスタリング

マスタリングは最終的に求められる映像の仕様に沿ってマスターデータを生成する工程である。従来はフィルムやビデオなどの媒体をマスターとしていたが，現在はディジタルデータをマスターとすることが一般的である。映画やテレビなどでは上映規格や放送規格が定められており，マスターデータから指定されたフォーマットのメディアに映像を収録して納品する必要がある。映画や地上波テレビの納品形態の例を**表8.2**に示す。

表 8.2　納品形態の例

映　画	フィルム（16 mm，35 mmほか） ディジタルシネママスター（2K，4K など）
地上波テレビ	ビデオテープ（HDCAM） 　※ 2020 年には局での受け入れ停止予定 ビデオディスク（XDCAM）

演 習 問 題

〔**8.1**〕　著名で多忙な俳優が出演する「雪が降るシーン」と「海水浴」を含む映像作品を実写で制作することになった。注意する点はどこか。

〔**8.2**〕　高層ビルの強大さを示したい。どのようなアングルで撮影するとよいか。

〔**8.3**〕　クレショフの実験と同じように，さまざまな映像と無表情の自分や友人の顔をつなげてさまざまな意味を持つか試しなさい。また，写真を撮り，PPT のスライドに貼り付けたり，画像ビューワーを利用したりして連続で見てみよう。

9章 インタラクティブコンテンツ

◆本章のテーマ

本章はインタラクティブコンテンツの中でもゲームに特化して開設する。ゲームは総合芸術，総合技術であり，技術の進化により進化と変化を繰り返している。まずはそれらを俯瞰したうえで，ゲームの根幹とそれを取り巻く環境について理解を深める。ゲームにとって重要なのはいかにプレイヤーを楽しませるかである。そのために，どのようにゲームの中で遊びを設計するかについて，基本的な考え方について述べる。

◆本章の構成（キーワード）

9.1　ゲームのプラットフォーム
　アーケードゲーム，家庭用ゲーム，スマートフォンゲーム，PC ゲーム，クラウドゲーム，ヘッドマウンテッドディスプレイ，F2P

9.2　ゲームコンテンツの表現と形式
　ジャンル，既視感，未視感，ゲームシステム，1 人称視点，3 人称視点，ダウンロードコンテンツ，ガチャ，ルートボックス

9.3　ゲームと遊び
　アゴン，アレア，ミミクリ，イリンクス，パイディア，ルドゥス，ゲームデザイン，MDA フレームワーク，フロー理論

9.4　ゲームを取り巻く環境
　プラットフォーマー，パブリッシャー，デベロッパー，シリアスゲーム，ゲーミフィケーション，ゲームエンジン，インディーズ

◆本章を学ぶと以下の内容をマスターできます

☞　ゲームのプラットフォームとその特性
☞　さまざまなゲーム上での表現
☞　ゲームにおけるさまざまな遊びの概念

◆関連書籍

・三上，渡辺：CG とゲームの技術（メディア学大系 2）

9.1 ゲームのプラットフォーム

メディア学におけるゲームを語るうえで，まずそれがどのような形態を通じてユーザに提供されているかについて述べる。ゲームというコンテンツの様式は，さまざまな提供メディアがあり，それぞれにコンテンツの特徴があり，表現のために重視する点が異なる。ゲームが動作するためにはハードウェアやOSが必要になり，それらを含めプラットフォームと呼ばれる。本節では，代表的なゲームのプラットフォームについて解説する。

なお，広い意味でゲームの中にはボードゲームやカードゲーム，缶蹴りや鬼ごっこなどの遊びも含まれている。本章では，単にゲームと呼ぶ場合は，コンピュータを利用したディジタルゲームを意味する。

9.1.1 アーケードゲーム

ゲームが広まっていく過程で最初に登場したのはアーケードゲームである。ゲームセンターやショッピングモールなどの**アミューズメント施設**に専用の筐体を設置し，ユーザは1プレイごとに料金を支払ってプレイする。

施設にシステムを設置するため，高性能なコンピュータや大掛かりな仕掛け，特殊なハードウェアなどを使用することもできる。実際に電動式や油圧式のモーションベースを利用した体感型のゲームやレースゲームやフライトゲームのように専用のコックピットを用意しユーザ体験を高める工夫がされている。また，近年広まりつつある**VRゲーム**などでも，高価なハードウェアを個人が購入せずに利用できる点や，スペースが必要な**ロケーションベース**のVRコンテンツの提供にも適している。

アーケードゲームは1プレイごとに料金を徴収する仕組みであるため，稼働率が重要になってくる。そのため，1プレイの時間とそれによって得られる対価への考慮や，特殊な設備の場合はオペレーションなどを含めたメンテナンスに対しての配慮が必要である。

9.1.2 家庭用ゲーム

家庭用ゲームはプラットフォームゲームなどとも呼ばれ，個人が購入可能なゲーム用の機器（**家庭用ゲーム機**）でプレイ可能なゲームである。日本では任天堂のファミリーコンピューターの大ヒット以来，長らくゲームの主要な提供形態となっていた。近年では後述するスマートフォンゲームと市場を二分している。プレイするためには家庭用ゲーム機が必要になるため，ユーザは初期投資をする必要がある。家庭用ゲーム機はゲームのみでなく，DVDやBDなどの映像コンテンツの再生機器や，インターネット端末としての機能を有するようになった。また，**据置型**と呼ばれるテレビに常時接続して利用する家庭用ゲーム機のほか，バッテリーが内蔵された**携帯型**のゲーム機もある。当初は，アーケードゲームを家庭用ゲーム機で遊べるようにしたいわゆる移植されたゲームが中心で，1プレイごとにお金を払わないでよい点が普及を後押しし

表9.1 近年の主要なゲーム機の発売時期

発売年	ゲーム機	開　発	備　考
1998	ドリームキャスト（DC）	セガ	
2000	PlayStation 2（PS2）	ソニー	DVD対応
2001	ゲームキューブ（GC）	任天堂	
2002	Xbox	マイクロソフト	
2004	ニンテンドーDS（DS）	任天堂	携帯型
	PlayStation Portable（PSP）	ソニー	携帯型
2005	Xbox 360（360）	マイクロソフト	HD対応
2006	PlayStation 3（PS3）	ソニー	HD対応，BD対応
	Wii	任天堂	
2011	ニンテンドー3DS（3DS）	マイクロソフト	携帯型，S3D対応
	PlayStation Vita（PSV）	ソニー	携帯型
2012	Wii U	任天堂	
2013	Xbox One（XOne）	マイクロソフト	
	PlayStation 4（PS4）	ソニー	日本は2014年
2016	PlayStation Pro	ソニー	4K，HDR対応
2017	Nintendo Switch	任天堂	
	Xbox One X	マイクロソフト	4K，HDR対応

た。その後は，個人が所有できる家庭用ゲーム機の利点を活かして，さまざまなシステムのゲームが開発され，独自の進化を遂げてきた。**表 9.1** は近年の代表的な家庭用ゲーム機の例である。

基本的に新たなハードウェアが発売されると，表現技術は飛躍的に向上する。原則としてソフトウェア開発は対象となるハードウェアに依存するため，特定のハードウェアでの開発経験が蓄積されるにつれ，より複雑で高度な表現が効率的に実現できるようになる。もちろん事前に新ハードウェアに関する技術情報はソフトウェア開発会社に提供されるが，すぐにそれに最適化した開発ができるわけではない。また，普及時は新しいハードウェアに対応してソフトウェアを開発しても，遊べる環境を持つユーザは少ない。新技術や新機能に取り組むという挑戦の一方で，それまでのハードウェア向けのソフトウェアと比較すると販売数の減少が見込まれるという環境下で開発に取り組む必要がある。

9.1.3　スマートフォン向けゲーム

スマートフォンが日本に登場したのは 2008 年のことである。それまでの**フィーチャーフォン**でも，主要なコンテンツの一つであったゲームは，携帯ゲーム機並みの性能を持つスマートフォンではさらに進化した。当初はフィーチャーフォンゲーム開発会社が中心であったが，徐々に家庭用ゲームの開発会社が市場に参入した。

スマートフォン向けのゲームの特徴は，専用のハードウェアが必要ないことである。ゲームも家庭用ゲーム機よりも安価にネットワークを通じて購入できるほか，主流となっているのは基本無料でゲーム内のアイテムなどに課金する仕組み（**F2P**：free to play）である。そのため，多くの人がすでに所有しているスマートフォンに気軽にダウンロードしてプレイを始めることができる。しかし，収益につながるためには，ゲームそのものを購入するか，ゲーム内のアイテムを購入してもらうかゲーム内の広告を見てもらう必要がある。そのためには，無料で始めたゲームを長く続けてもらうことが重要である。

9.1.4 PC やその他ゲーム

日本では家庭用ゲーム機が長らく主流であったこともあり，それほど市場は大きくないが，PC をプラットフォームとして利用したものもある。PC はゲーム機に比べ早くからネットワーク化したこともあり，オンラインでほかのユーザと協力 / 競合するゲームも多く登場した。

SNS が普及すると，**ソーシャルネットワーク**のつながりを利用した，オンラインゲームである**ソーシャルゲーム**が普及する。ソーシャルゲームは PC やスマートフォンをプラットフォームに一気に拡大し現在に至っている。

近年普及が進んでいる VR ゲームの中には，**ヘッドマウンテッドディスプレイ**（head-mounted display：**HMD**）にハードウェアが内蔵されているものもあり，新たなプラットフォームとなっている。

現在は PC やスマートフォン向けのゲームにクラウドコンピューティングを活用する**クラウドゲーム**が注目を集めている。PC やスマートフォンの性能を問わずに高品位なゲームが楽しめる点が特徴的である。今後次世代の通信規格である **5G** の普及に伴い，さらに拡大が予想される。さらに，仮想通貨のシステムであるブロックチェーンを利用する**ブロックチェーンゲーム**も注目を集めている。

9.2 ゲームコンテンツの表現と形式

ゲームにはさまざまな表現があり，そのゲームのコンセプトに合わせて最も適したものを選択し開発を始める。ここでは，さまざまな表現方法について触れる。

9.2.1 ゲームの新規性

ユーザの視点からは，ゲームの表現を考えた場合に最も先に思いつくのがゲームジャンルではないかと考えられる。たしかに，ジャンルは完成したゲームを検索したり分類分けしたりする際には適している。また，ジャンルごとにある一定の表現様式がある。しかし，ジャンル分けは国や地域，業界団体や，流通や販売店で異なっている。また，ゲームにはそれまでにはない**新規性**も重視される傾向にあり，既存の枠にとらわれないゲームも多く生み出されている。

この新規性は大変重要なことであるのは間違いないが，まったくの新規のものを想像することは簡単ではないうえに，それをユーザが理解して，制作者の意図通りに読み取ってもらう必要がある。そこで，新規性と同時に考えてほしいのが**既視感**と**未視感**である。

既視感とは，見たこともないもののはずなのにどこか見覚えのある感覚のことである。まったく新しいストーリー設定やゲームシステムなのに，過去に自分が見た作品やほかで得た知識と組み合わさり，すんなりとストーリーやプレイすることができる現象である。新規性のある設定や表現，**ゲームシステム**を提案するときに，どこかこの感覚を持たせるような設計をしていくとよい。一方，既視感の反対語である未視感は，見慣れたもののはずなのに，違ったものに見えてしまうという現象である。そのような感覚をうまく与えることができれば，新規性がないものにも関わらず，どこか新しさを感じてコンテンツを提供することもできる。

9.2.2　ゲーム表現の違い

ゲームのシステムやグラフィック表現などにも，大きな違いがある。

〔1〕 **2次元/3次元**　　ゲームグラフィックスの面では，古くは**ドット絵**と呼ばれる，少ないピクセルで表現する2Dのグラフィック表現を利用していた。現在では，2Dのイラストやアニメーション素材なども活用できる。3Dのグラフィック表現は1990年代中盤から普及をはじめ，現在では映像作品のような品質のゲームグラフィックも実現されている。そのほか，3Dを利用しながら，見た目を2Dの用に見せる**トゥーンシェーディング**（**セルシェーディング**）という技術も利用されている。また，グラフィックは3Dの素材を利用するが，操作は横スクロールゲームのように2次元上での操作のようにする例もある。

〔2〕 **リアル / デフォルメ**　CG の技術が高まるにつれて，ゲームでも実写のようなリアルはグラフィック技術も取り入れられるようになった。一方で，アニメーション作品やコミックなどを原作としたゲームなど，デフォルメされた表現を利用するケースもある。また，コンテンツはあくまでエンタテインメントのためであるという視点から，事実であることよりもリアリスティックなもの（リアルと感じるもの）を重視して制作するケースがある。また，写実的な表現を用いながら現実世界にはない世界を表現することでファンタジー性をより高める演出も利用されている。

〔3〕 **視　点**　ゲームをプレイするときに，ゲームの世界をさまざまな視点でディスプレイなどに表示することができる。**一人称視点**（first person view）はゲームのプレイヤーと操作するキャラクターの視点が同一になる視点表現である。主人公になりきるような没入感を高めることができる。また，プレイヤーからは自分の動きがあまり見えないため，主人公キャラクターのプレイ中のビジュアルやアニメーションのつくり込みが減る。**三人称視点**（third person view）は 3D のアクションゲームなどで多く見られる形式である。プレイやキャラクターの背後のやや高い位置などに固定したり，キャラクターを基準にさまざまな向きに操作できたりする。キャラクターの周辺を見ながらプレイするゲームや，キャラクターの技などアクションを見せたいゲームなどに適している。カメラが壁などにめり込んでしまうことなどもあり，カメラの調整には工夫が必要になる。

このほかにも，シミュレーションゲームなどでは斜め上から俯瞰したような視点で固定もしくは平行移動するような**クォータービュー**と呼ばれる視点や，真横から見た視点などがある。

〔4〕 **プレイ人数**　ゲームはさまざまな人数でプレイできるように設計できる。1 人のプレイを想定した場合は，CPU が制御する敵を倒しながら，ステージをクリアするアクションゲームやパズルゲーム，さらに対戦格闘ゲームの対戦相手を CPU が制御することでも遊べる。2 人の場合は，同じ条件のプレイヤー同士で競い合う対戦ゲームや 2 人で協力するスタイルのゲームもあ

る。協力するゲームの場合には，片方がサポートの行動しかとれないなど，異なる条件のプレイヤーでプレイするスタイルもある。2人以上になると，協力 / 競合するような形式のプレイや，チーム戦のような遊び方を提供することができる。さらにオンラインゲームなどでは，**MMO**（massive multi-player online）と呼ばれる多数のユーザがサーバーを介してつながり，協力 / 競合するような遊び方を設計できる。

〔5〕 **ネットワーク**　近年のゲームの多くはネットワーク接続をするが，ネットワークを必要としない**スタンドアローン**のゲームもある。また，プレイそのものはスタンドアローンだが，ネットワークを利用して**ダウンロードコンテンツ**（**DLC**）を提供することで，追加要素や不具合の修正などを行うケースもある。

ネットワークを利用した協力や対戦でも**非同期型**と**完全同期型**の2種類がある。非同期型は，同じサーバーに接続してプレイをしても，重要なゲーム内の出来事などのタイミングで同期をとる方法である。そのほか，サーバーに保存しているプレイヤーのデータを利用してほかのプレイヤーと対戦し，サーバーに接続した際にその結果を同期する方法などもある。完全同期型は一対一（PvP）のオンラインゲームなどで利用され，公平な大戦のために，双方の情報のずれをなくすことを重視している。

9.2.3 ゲームの対価

ゲームに対する対価をユーザから得る仕組みはゲームを提供する時点である程度限られる。従来から多く採用されている売り切りのようにすべての対価を最初に得る方式のほか，都度対価を得る方式や，無料で楽しませる方式がある。

〔1〕 **売り切り**　ゲームコンテンツをユーザに対して販売する形式である。家庭用ゲーム機のパッケージ販売やダウンロード販売，一部のスマートフォン向けのゲームやPCゲームでも採用されている。

〔2〕 **プレイごと**　1プレイをするたびにユーザが対価を支払う形式である。アーケードゲームなど拠点型サービスで採用されている。

〔3〕 **月額課金**　月額課金はオンラインゲームなどでとられている方法であり，月々の利用料金を徴収する方法である。

〔4〕 **ゲーム内課金**　基本無料（F2P）のゲームは，ゲーム内通貨を購入する際に課金するシステムを実装している例が多い。ゲーム内通貨は特定のアイテムの購入や，スタミナ回復に利用されるほか，**ガチャ**（**ガシャ**）や**ルートボックス**と呼ばれるゲームに有利にアイテムを確率によって手に入れる際に利用される。なお，ガチャやルートボックスは国や地域によってはギャンブルと認定され，そのゲームの流通が制限される場合がある。

〔5〕 **広　告**　ユーザからは対価を得ない代わりに，ゲーム内に広告を表示し，広告依頼主から対価を得る仕組みもある。また，同じゲームでも，購入すれば広告が表示されなくなる，売り切りの仕組みと併用している例もある。

9.3 ゲームと遊び

ディジタルゲームだけでなく広義のゲーム研究の多くは「ゲーム≒遊び」と捉え，「遊び」に関するホイジンガ（Johan Huizinga）の『ホモ・ルーデンス』[1]やカイヨワ（Roger Caillois）の『遊びと人間』[2]の定義を活用し議論している。本書ではカイヨワの分類について掘り下げつつ，ディジタルゲームについて考えたい。

9.3.1 遊びの定義とそれを超えたゲーム

カイヨワはホイジンガの形式的な特徴などを基に下記のように遊びの定義を行っている。

<ロジェ・カイヨワ『遊びと人間』[2]>

① **自由な活動**　遊戯者が強制されないこと。もし強制されれば，遊びはたちまち魅力的な愉快な楽しみという性質を失ってしまう。

② **隔離された活動**　あらかじめ決められた明確な空間と時間の範囲内に制限されていること。

③　**未確定の活動**　ゲーム展開が決定されていたり，先に結果がわかっていたりしてはならない。創意の必要があるのだから，ある種の自由が必ず遊戯者側に残されていなくてはならない。

④　**非生産的活動**　財産も富も，いかなる種類の新要素もつくり出さないこと。遊戯者間での所有権の移動をのぞいて，勝負開始時と同じ状態に帰着する。

⑤　**規則のある活動**　約束事に従う活動。この約束事は通常法規を停止し，一時的に新しい法を確立する。そしてこの法だけが通用する。

⑥　**虚構の活動**　日常生活と対比した場合，二次的な現実，または明白に非現実であるという特殊な意識を伴っていること。

本書でこの定義を示すのはこれらの定義をゲーム開発に用いなければならないということではない。当時「遊び」として定義されたこの6項目は現在でも遊びの定義として成立し得るものである。それより重要なのは，これらの6項目のいずれもが近代のゲームでは，拡張された状態になっている点である。ゲームは遊びの枠をどんどん拡張して新たな進化を遂げており，それは，これ

表9.2　遊びの定義を超えたゲーム表現やシステムの例

特　徴	拡張 / 更新された例
自由な活動	・ソーシャルゲームの通知機能 ・イベントやスタミナ回復のための待ち時間
隔離された活動	・ゲームの空間の制限解除（ステージ自動生成） ・GPS などを利用した位置情報ゲーム ・待機（放置）プレイで遊んでいない時間でも進行する仕組み
未確定の活動	・ロールプレイングゲーム（RPG），ノベルゲーム，アドベンチャーゲームなどの一本道に近いシナリオ
非生産的活動	・e-sports の賞金 ・課金によるプレイの進行やリアルマネートレード（RMT）
規則のある行動	・位置情報ゲームにおける交通ルール（ゲーム空間と実空間が重複するため，通常法規が有効） ・オンラインコミュニティによるユーザのローカルルール
虚構の活動	・リアルなグラフィック，VR や AR

までのゲーム開発者たちが，多様な視点で人々を楽しませることを追求していった結果であると言える。

人々を楽しませる根源がなんであるかについては，過去の作品や研究などから学ぶものが多い。しかし，それらはすでに過去のものである。過去の多くの作品や研究例はそれらを理解したうえで，新たなゲーム（遊び）を生み出すための一つの起点やヒントと捉えながら，それをときには利用し，ときには突き抜け，ユーザに満足を与えることを考えていくべきである。**表9.2**に拡張／更新された事例を示す。

9.3.2 遊びの要素

カイヨワはさらに遊びの構造や質から大きく分けてつぎの四つの基本的な要素を定義している。

・アゴン（agon，競争）
・アレア（alea，運）
・ミミクリ（mimicry，模擬）
・イリンクス（ilinx，めまい）

表9.3 カイヨワによる遊びの分類[2)]

遊び	アゴン（競争）	アレア（運）	ミミクリ（模擬）	イリンクス（めまい）
パイディア（遊戯） 騒ぎ はしゃぎ ばか笑い	競争 取っ組み あいなど } 規則なし 運動競技	鬼を決める じゃんけん 表か裏か遊び 賭け ルーレット	子供の物まね 空想の遊び 人形，おもちゃの武具 仮面 仮想服	子供の「ぐるぐるまい」 メリゴーラウンド ぶらんこ ワルツ
凧あげ 穴送りゲーム トランプの一人占い クロスワード	ボクシング　玉突き フェンシング　チェッカー	単式富くじ		ヴォラドレス 縁日の乗物遊戯 スキー
ルデゥス（競技）	サッカー　チェス スポーツ競技全般	複式富くじ 繰越式富くじ	演劇 見世物全般	登山 空中サーカス

注）縦の各欄内の遊びの配列は，上から下へパイディアの要素が減少し，ルデゥスの要素が増加していく，およその順序に従っている。

これらの四つの要素それぞれに，**パイディア**（paidia，遊戯）として，騒ぎ，はしゃぎから，規則・様式・複雑さ・洗練などが整い**ルドゥス**（ludus，競技）の度合いが強まるまでの幅でさまざまな遊びが分類されている。分類の例を**表 9.3** に示す。

一般的にゲームはルドゥスの要素が強く勝敗が決するものが多い。しかし，日本では勝敗よりもその空間を自由に遊ばせるようなタイプのパイディア要素の強いゲームや，勝敗が重要なゲームであっても，その中で異なるパイディア的な遊び方をするケースが見られる[3)]。

9.3.3　ゲームデザイン

遊びの要素をどのように組み込み，ゲームとして仕上げていくか設計する重要なゲームデザインには，さまざまな研究事例や手法が提案されている。

その中でよく用いられる手法である **MDA フレームワーク**はルブラン（Marc LeBlanc）によって提唱された開発，分析の双方にも利用できる理論である[4)]。MDA はそれぞれ **mechanics**（**構造**），**dynamics**（**力学**），**aesthetics**（**美学**）の頭文字を取ったものである。この MDA モデルは図示すると**図 9.1** のように表現できる。mechanics から dynamics，aesthetics と流れる矢印はコンピュータ視点でのゲームの考え方と言える。ゲーム側が持つ構造により，ゲーム内の力学を生じさせ，それをプレイヤーが受け取りながら体験していくという考えである。一方，逆向きの矢印はプレイヤー側の視点であり，プレイヤーがどのように楽しむかを考え，それに必要な力学を提示し，それが破たんなく動くような構造を用意するという考えである。

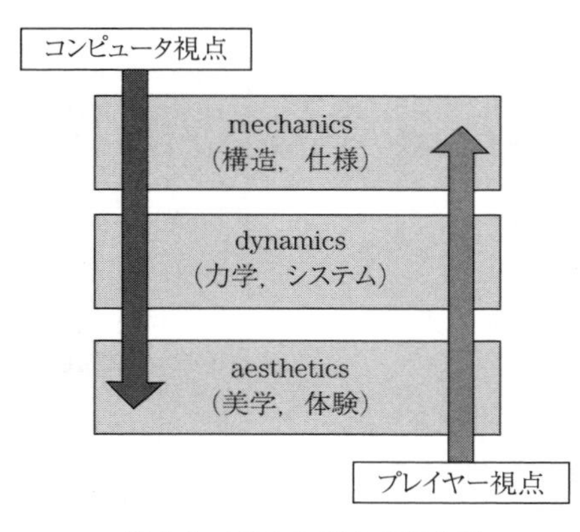

図 9.1　MDA モデルの概念図

これらの技法に加え，スキルレベルとチャレンジレベルのバランスよりの集中状態になるチクセントミハイ（Mihaly Csikszentmihalyi）の**フロー理論**[5)]などもよく利用される。また，実際にアイデアを創発する技法として遠藤の**ラピットプランニング手法**[6)]や手段や目的を中心にアイデアを創発する中村の**EMS フレームワーク**[7)]などが提案されている。

9.3.4 新しいゲーム要素と倫理

新たなゲームの要素が付与されるとき，その利用の仕方によっては同時に新たな問題が生じるときがある。

F2P ゲームの課金システムのガチャは一部の国や地域ではギャンブルに含められ禁止されている。日本国内でもコンプガチャと呼ばれるシステムは景品表示法上で禁止されている。通常のガチャであってもたびたび高額な課金が問題となることがある。

位置情報を利用したゲームでは，現実の特定の場所でキャラクターとの遭遇やアイテムの取得ができる。そのため希少なキャラクターやアイテムが手に入る情報が SNS などによって広まると，多くの人が押し寄せその場所が混乱する。また，自動車や自転車を運転中にプレイに興じた結果，事故や迷惑行為につながることもある。

そのほかにも，ゲーム内のアイテムやアカウントそのものを，禁止されているにも関わらず有料で譲渡するリアルマネートレードも大きな問題となっている。このように，新たなゲーム要素の誕生が，利用の仕方によっては違法行為や迷惑行為につながることもある。ゲームを提供する側は開発したゲームによる社会的な影響に対しても配慮が必要である。また，ユーザ側も，ゲームに興じるあまり，社会倫理に反するような行動を起こさないよう注意する必要がある。

9.4 ゲームを取り巻く環境

9.4.1 ゲーム制作に関わる業務

筆者が授業や外部の講演の際には「ゲームは総合芸術であり，総合技術である」と明言する。実際には，アニメや映画なども含め，制作手法や流通手法がディジタル化したディジタルコンテンツはすべて同様に「総合芸術であり総合技術」であると言えるが，ゲームは特に総合技術に関わる比重が高くなる。

まず，ゲーム開発そのものを考えてみる。ゲームを開発するためには必ずそのための企画が必要になる。その企画を基にゲームの仕様ともなるシナリオや設定，各種のデザインが必要になる。そして，それらを具現化するために，グラフィックやサウンドの素材を作成し，それをプログラムによって統合，制御する。これらの開発工程には多くの期間と人数が必要であり，それらを確実に管理していくことも重要になる。

そして，ゲームはつねに新しい周辺技術を取り入れながら進化している。2000 年以降も，加速度センサや赤外線センサを利用したコントローラやタッチパネルの利用やカメラを利用したジェスチャー認識などゲームの操作に関わる技術が発展した。また，VR や AR 技術を活用したゲームも増加している。さらに，協力プレイのためのアドホック通信やインターネットを利用したオンライン対戦や多人数プレイなど通信技術の応用利用が増えた。こうした技術を持つ専門家もゲームにとって欠かせない技術になった。

また，ゲームを販売していくためには，マーケティング，広報・宣伝も欠かせない。近年は映画やアニメ，マンガなどとのメディアミックス戦略によってゲームが開発される機会が増えてきた。そのため，ほかのメディアも巻き込んだ緻密な戦略が重要になってきた。

コンテンツは知的財産の一つでもある。そのため自社が開発するゲームの権利を保全するとともに，他社の知的財産権を侵害しないためにも法務・著作権などに関しても留意する必要がある。さらに現在ではコンテンツものグローバル化が進み，ゲームを海外で販売，展開することも当たり前になってきた。そのためマーケティングや広報・宣伝，法務・著作権については，対象とする地域の国際対応も重要な要素になっている。地域によっては異なる文化を持っているため，企画や表現上問題が生じるケースもある。そうしたさまざまな国や地域の文化に対する配慮もじつに重要になってくる。

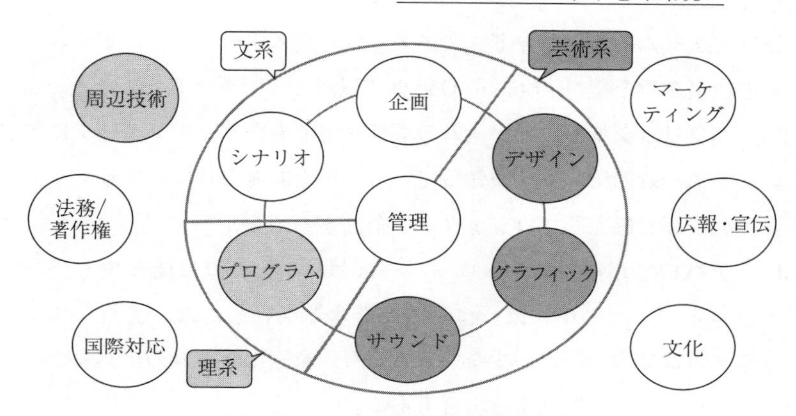

図 9.2　ゲームは総合技術・総合芸術

このようにさまざまな能力を持つ人材が集結することにより，ゲームは成り立っている（**図 9.2**）。

9.4.2　ゲーム開発の構造

ゲームの開発から流通に至るまでには，さまざまな役割を担う企業が参画している。これらの仕組みは，アーケードゲーム，家庭用ゲーム，スマートフォンゲーム，PC ゲームなどで異なっているが一般的な仕組みは同じである（**図 9.3**）。

〔1〕 **プラットフォーマー**　　ゲームを流通させる基盤をつくる企業であ

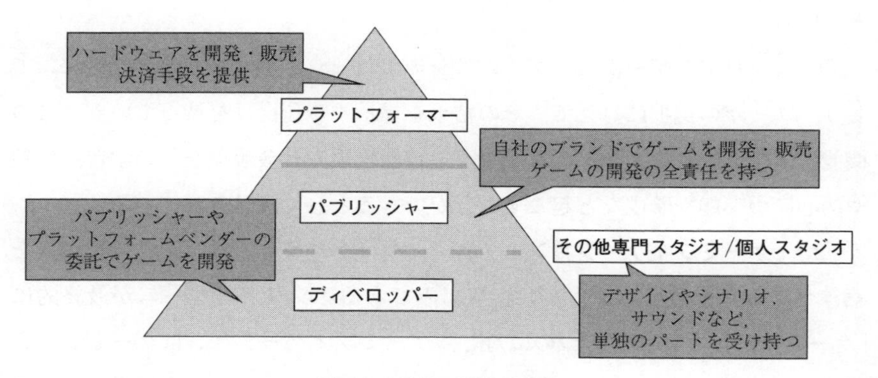

図 9.3　ゲーム開発の構造

り，家庭用ゲーム機ならハードウェアメーカー，スマートフォンゲームなら，ゲームの決済基盤を持つ Apple や Google である。

〔2〕 **パブリッシャー**　ゲームのブランドでもあり，パッケージに名前が出ているため一般的にユーザが知っているゲーム開発会社はパブリッシャーである。開発資金を確保しプロジェクトを企画する。

〔3〕 **デベロッパー**　デベロッパーはゲームを実際に開発する企業である。パブリッシャーの中には，自社で開発する会社もある。また，スマートフォンゲームは参入の障壁が少ないことから，家庭用ゲームのデベロッパーがパブリッシャーとして参画する場合もある。

〔4〕 **その他専門スタジオ**　ゲームに必要なシナリオやキャラクタデザイン，作曲，音楽音響などの制作など，専門な技術を専門に担う企業や個人に依頼することもある。

9.4.3 ゲームの応用

これまではゲーム産業を中心に論じてきた。近年ではゲームのシミュレーション能力を活用してさまざまな現象を学習体験する試みなどもある[8]。また，ゲームの持つ人を引き付ける力を多様な産業分野に応用する事例が増えてきている[9]。また，ゲームで培われてきたリアルタイムの CG 技術を仮想空間の再現やバーチャルリアリティ（VR）などのコンテンツに応用する事例が増えてきている。

〔1〕 **シリアスゲーム**　ゲームはシミュレーションとしての機能を有しており，ユーザの選択に対して，その結果を提示する仕掛けを持っている。この機能をエンタテインメントのみでなく，自然現象や社会現象などの学習，体験や関心度の喚起や醸成など起こすことができるとして注目されている。

〔2〕 **ゲーミフィケーション**　ゲーミフィケーションはゲームの持つ人を惹きつける力を活用しようという取組みである。シリアスゲームが最終的に「ゲーム」という体裁を持つのに対し，ゲーミフィケーションはゲームという体裁にはこだわらない。プロジェクトの進め方やカリキュラムの設計，システ

ムの設計などにゲームの持つ思想を入れるという点が重要である。ゲーミフィケーションの要素には「達成可能な目標設定」「成長の可視化」「称賛演出」「能動的参加」「即時フィードバック」「自己表現」がある[10]。

〔3〕 **その他の応用**　ディジタルゲーム開発技術の根幹にあるリアルタイム3Dグラフィック技術はコンピュータ上の仮想空間をよりリアルに見せたり，制御したりするために重要な役割を担う。従来はゲームを開発するための環境はゲーム開発企業の極秘事項であった。しかし，近年では汎用的な**ゲームエンジン**と呼ばれるゲームの開発環境が高性能化した。現在では無料で利用できるものもあることから，ゲームに限らず，なんらかのユーザのインタラクションに対して，リアクションしたりアウトプットしたりする技術に広く応用できる。

こうした開発環境の整備は，**インディーズ**と呼ばれるような少人数の集団や個人によるゲーム開発を促進しただけでなく，ゲームに限らないさまざまな分野にゲーム技術を拡散させる一役を担ったと言える。

仮想的な美術館や博物館を再現してユーザがそこにいるかのように閲覧したり，危険な作業現場など足を運ぶことが困難な環境を再現してその中での作業を訓練したりするシミュレーターにおいてもCG技術やゲーム技術を応用することができる。現在，ゲーム産業ではヘッドマウントディスプレイ（HMD）などを用いたVRゲーム開発も盛んに行われている。今後，こうしたコンテンツがより身近になっていくことが期待できる。

演　習　問　題

〔9.1〕 家庭用ゲームとスマートフォンゲームをそれぞれ取り上げ，カイヨワの四つの要素（アゴン，アレア，ミミクリ，イリンクス）に当てはまるどんな要素が含まれているか答えなさい。

〔9.2〕 ゲームの中にパイディアの要素が含まれているゲームの例を挙げなさい。

10章 コンテンツと音

◆本章のテーマ

本章はそのものがコンテンツでもあり，またほかのコンテンツになくてはならない音について解説する。映像コンテンツやゲームなどにとっていかに音が重要であるかを理解し，そのような音が含まれているか，どのような考えで音が設計され制作されているかを学ぶ。また，最終的にコンテンツにまとめる際にどのように音を調整しコンテンツとして仕上げているのかを理解する。

◆本章の構成（キーワード）

10.1　コンテンツと音の関係
　コンテンツとしての音，コンテンツにとっての音，レコード，CD，ミュージックビデオ，活動弁士，トーキー

10.2　コンテンツにおける音の要素
　音楽，効果音，セリフ，BGM，フォーリー，ダイジェティックサウンド，ノンダイジェティックサウンド

10.3　音とコンテンツのすり合わせ
　サウンドデザイン，プレスコ，アプレコ，ミキシング

◆本章を学ぶと以下の内容をマスターできます

☞　コンテンツにおける音の重要性
☞　コンテンツで利用される音の種類とその作成方法
☞　コンテンツ制作における音のワークフロー

◆関連書籍

・三上，渡辺：CG とゲームの技術（メディア学大系 2）
・近藤，三上：コンテンツクリエーション（メディア学大系 3）

10.1 コンテンツと音の関係

コンテンツにとって音は欠かせないものである。コンテンツに「音を付ける」というイメージを持ち，あとから付与するものとして捉えているケースが多い。実際には，企画段階から音のデザインを行い，撮影やアニメーション制作，CG 制作の傍らで同時に制作され，最終段階で調整しながら統合する。メディア学では，作曲やそれに関わる音楽理論や，新しいメディアに対応した録音，再生技術の追求，ゲームやインタラクティブなコンテンツへのサウンドの実装（プログラミング）など，多岐にわたる教育や研究が行われている。本節では音そのものがコンテンツとなる音楽コンテンツの変遷とコンテンツの重要な要素としてほかのコンテンツに用いられる音についての概略を述べる。

10.1.1 音楽コンテンツの変遷

音そのものをコンテンツとして扱う場合に最もイメージしやすいのが，楽曲そのものを聴くことである。

パッケージメディアとしては，アナログの**レコード**からディジタルの **CD** にほかのコンテンツより早くディジタルへの移行を果たした。近年はオンラインサービスを介した音楽の楽しみ方が広まり，楽曲やアルバム単位での**音楽ダウンロードサービス**（iTunes や music.jp など）が普及した。現在では，制限なく視聴可能な**音楽サブスクリプションサービス**（Spotify や Apple Music など）が急速に広まってきている（**図 10.1**）。

アナログなメディアから，高音質で携帯性の高いディジタル媒体に代わり，現在ではインターネットを通じて，いつでもどこでも手軽に視聴できる環境が整備されてきた。さらに，**SACD** や **DVD-Audio** など高品位な規格がパッケージメディアとして登場した。現在ではいわゆるハイレゾ† と呼ばれる高品位な

† 日本オーディオ協会が「Hi-Res」として規格を定義している[2]。また，電子情報技術産業協会（JEITA）では「サンプリングレートと量子化ビット数のいずれかが CD スペックを超えている」場合にハイレゾオーディオと定義している[3]。

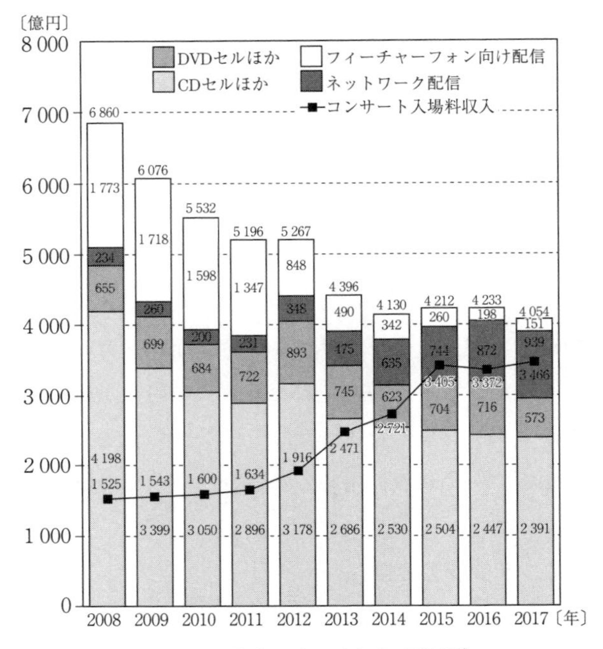

図 10.1　音楽関連の売り上げ推移[1)]

音楽の流通や配信（Amazon Music HD，Deezer HiFi，Prime Seat など）が進んできており，手軽なだけではなく高品位な音楽を楽しむ環境が増えてきた。

インターネットを介して高品位な音楽を楽しむ環境が普及するにつれて，パッケージの販売は減少傾向にある。しかし，拠点型のサービスであるコンサート入場料収入は増えている。コンサートやライブは大規模な装置や映像との連携などさまざまな工夫を凝らし，入場料が年々上昇している。より手軽に音楽を楽しめるようになり，さらにそれが高品質化していく中でも，本物を体験できるこれらのイベントの来場者は増加してきている[1),4)]。

音楽を中心にほかのコンテンツ表現を活用してエンタテインメントにしている手法として，**ミュージックビデオ**や**音楽ゲーム**（リズムゲーム）などがある。基本はそれぞれ映像コンテンツや，ゲームコンテンツであるが，主題を音楽にすることで，その音楽を好むユーザ層による視聴や購入をターゲットにしたコンテンツである。いまではパッケージメディアに加えて，ネット動画やゲームは音楽を運ぶメディアとして，ユーザが好む音楽に接触する媒体となっている。

10.1.2 コンテンツ音楽の概略

映像コンテンツの中で歴史の長い映画を見てみると，当初は**無声映画**，**サイレント映画**と呼ばれ，音のない映画が主流であった。上映の際は，音楽をスクリーンの下部に用意された演奏席でオーケストラが同時に演奏したり，セリフの補助のために**活動弁士**がストーリーや状況を解説したりする形式で上映していた。つまり音は映像に加え費用や場所を用意してでも必要なものであった。1920 年代後半に**トーキー**（talkie：talking picture の略）と呼ばれる映像と音声が同期した映画が生まれた。トーキーにはレコード盤を同時再生する**ヴァイタフォン方式**とフィルムにサウンド情報を記録する**サウンド・オン・フィルム**（**サウンドトラック**）方式があった[5),6)]。

映像やゲームでは視覚的にさまざまな表現をしている。音はそれらの表現を補ったり，場合によっては映像に代わって表現したりして視聴者に感情を伝える。コンテンツにおける音の役割の一例はつぎの通りである。

・画面の雰囲気づくり（小川のせせらぎ，夏にセミの鳴き声，BGM）

・画面に与える臨場感（戦場シーンの銃声，渋滞のクラクション）

・状況の明確化（緊張した状況に心臓音，警報）

・画面にない意味の追加（飛び回る小さな虫を音で表現）

これらに加えて，セリフやナレーションはそのままストーリーを語ることも可能である。多用すると登場人物が視聴者に説明しているように感じてしまうため注意が必要だが，複雑なストーリーの中で登場人物が気づきをセリフとして発言することで，ストーリーが把握できることもある。また，特定人物の登場や，特定の場面の襲来などを，**ジングル**と呼ばれる短い音楽で再現することがある。これらは音楽が聞こえたときに期待していた行動が発生する高揚感を与え，つぎのストーリー展開を予想させることができる。

10.2 コンテンツにおける音の要素

コンテンツにはさまざまな種類の音が存在している。コンテンツ登場する音の中には，その空間に存在している音もあれば，演出目的で加える架空の音もある。それぞれに役割が存在していると同時に，制作するための技術や方法論も異なっている[7),8)]。

10.2.1 コンテンツの中の音の種類

コンテンツの音にはそれぞれに役割が存在していると同時に，制作するための技術や方法論も異なっている。そのためつぎのような種類分けをし，それぞれ別の音データとして作成する。

〔1〕 **セリフ**　シナリオに記載された文字による会話表現であり，これを俳優や声優が読み上げ，それを録音することで生成される音である。ストーリー展開にとって最も重要である。

〔2〕 **効果音（サウンドエフェクト）**　画面内の動きのよって発生する音や，それらを象徴的に見せるためにあえてあとから付与する音。実写の場合は同時録音もできるが，音の発生源にマイクが近寄れない場合など，必要な音量や質を録音できない場合は，あとで録音して付与することもある。実際の収録現場ではなく，スタジオで効果音を生み出すことを**フォーリー**と呼ぶ。ざるに小豆を入れてゆすることで波の音を表現する手法などは代表例である。

〔3〕 **音　楽**　コンテンツのオープニングやエンディングなどで演奏される**主題歌**のほか，劇中に存在している音楽や，シーンの背後に流し雰囲気をつくる**BGM**（**バックグラウンドミュージック**）先述したジングルもある。

10.2.2 その場にある音とない音

上記のセリフや効果音，音楽の中には，本来その場にあるべき音と，本来は存在しないが追加されている音がある。本来あるべき音を**ダイジェティックサウンド**，存在しない音を**ノンダイジェティックサウンド**と呼ぶ。

ダイジェティックサウンドは「物語の世界に属する」の意味を持ち，描いている世界に存在しているはずの音。原則として，実写で撮影した場合にマイクで収録できる音はダイジェティックサウンドである。例としてはセリフ全般，環境音，喫茶店などで流れるのBGMが挙げられる。

ノンダイジェティックサウンドは上記の逆で本来であればその場に存在していない音である。ストーリー展開を補助したり，その場の雰囲気を伝える演出的な目的で付与されたりしている。例としてはナレーターの声や擬態音，挿入された音楽が挙げられる。

10.2.3　音素材の準備

実際にコンテンツのための音をそろえる際にはさまざまな手段がある。

〔1〕 **既存のものから選ぶ**　過去に自らが収録した音や，作曲した楽曲，さらにはインターネットで提供されている楽曲や音源などから選んで利用することができる。ただし利用に際しては著作権に対する配慮が必要である。著作権フリーと言っても，商用利用ができないケースなどもあるため，他人の作成した音素材を利用する場合は注意する。

〔2〕 **録　音**　新たに音を作成する場合最も一般的な方法である。セリフやナレーションを録音したり，音楽を演奏したり歌唱している様子を録音したりすることができる。効果音は街中で録音することで環境音を収録したり，先述したフォーリーによって疑似的な音を録音したりすることもできる。

〔3〕 **打ち込み**　新たに音を作成する場合の手法の一つで，**シンセサイザ**を利用して，音楽を制作する手法のことである。十分な知識と機材があればさまざまな音を生成することができる。

10.3　音とコンテンツのすり合わせ

10.3.1　ワークフローの中での音

コンテンツ制作において音は，プレプロダクションの初期段階から，ポストプロダクションの最後まで関わりのある制作要素である[8)]。

プレプロダクション段階では監督の指示を受けたり，議論をしながら，監督の要望や作品の方向性に合わせた**サウンドデザイン**と呼ばれるコンテンツにおける音全体の設計を行う。

プロダクション段階では，撮影現場で現場の音を収録したり，現場で収録できなかった音を別録りしたり，打ち込みや作曲，録音など適した方法を用いてサウンドデザインに沿った音の素材を作成する。

ポストプロダクション段階ではプロダクション段階で作成した音を，映像とタイミングを合わせて配置する。映像に合わせて別撮りしたり制作した音を調整したり，場合によっては新たに作成しながら映像に合わせた音を組み合わせる。映像コンテンツの場合には最終的にセリフ，効果音，音楽のバランスを配慮して**ミキシング**する。インタラクティブコンテンツの場合には，プレイヤーの操作により状況が変わるため，それらを想定した範囲の中でセリフ，効果音，音楽をミックスしバランスを取る必要がある。

よく耳にする**アフレコ**はアフターレコーディングの略で映像に合わせてポストプロダクション段階で音を録音する手法である。大半のアニメーション作品はこの技法で録音されている。また，実写の場合で，マイクの位置や騒音などの関係で同時録音では十分なセリフの録音が困難な場合はアフレコする。

これに対し**プレスコ**はプレスコアリングの略で，一部のCGやアニメーション制作の際に，絵コンテやプレビズなどを基に声を先に録音する手法である。映像全体の尺やリズムなどが設計しやすくなったり，セリフに合わせた唇の動きを制作できたりするため，映像の品質が高くなる。

10.3.2　音による雰囲気の演出

音を付与する場合，音の周波数や音量，テンポなどでそのシーンの雰囲気を演出することができる。音に対して要望や指示を出す人が必ずしも音楽の専門的な知識を有しているとは限らない。その場合，音に対しての要望や指示が抽象的な表現になることがある。そうした要望や指示に対して，音の特性を理解して，相手が求める音楽を想像しながら作成していくことが必要になる。

音の高さ（周波数）が高いと軽快感や緊張感が高まり，低いと威厳や不安感を与えることができる。

音が大きい場合は，強さや大胆さを表現でき，小さい場合は弱さや繊細さが表現できる。作品の中で利用できる全体の音量を考慮したりほかの音との関係を考えたりしながら，音の大小を利用して演出する。

音のテンポを速くすると軽快感や緊張感が高まり，遅くすると威厳や落ち着きを与えることができる。周波数を低くしたときには不安感が増す一方で，テンポは落ち着きを与えるため，要望に合わせてどの部分を調整するか検討する。

10.3.3　編集段階での音と映像の組合せ

映像として画面に映っているものと，聞こえる音は本来同一であるものだが，あえて，映像の切り替えやつぎのセリフの発生のタイミングをずらすこともある。セリフが終わるのを待って映像を切り替えたり，切り替わるのを待ってからセリフを始めたりするのを避け，テンポよく映像を見せる効果的な方法である[7)]。

セリフのずり下げはセリフをしゃべり終える前に映像をつぎのカットに切り替える手法である。セリフの終了を待たずにつぎのカットにつなげられるためつながりがよくなる。セリフを聴いているうちに人物の表情やしぐさが変化していく様子を表現したいときに利用すると，テンポよくつなげられるうえに微妙な変化を表現できる。

セリフのずり上げは映像がつぎのカットが切り替わる前に先につぎのカットのセリフを差し込む手法である。切り替わるまでセリフの開始を待たなくてよいため，つながりがよくなる。先にセリフが入ってくることによって，そのセリフを聞いた瞬間の反応を見せることができる。

これらの表現を行うためには，音と映像を個別に扱い，組み合わさったときに最大の効果を発揮するように設計する必要がある。そのため，映像と同時に収録した音であっても，その音をつねに同時に使うのではなく，音と映像を切り離して編集し，必要に応じてほかの映像や音と組み合わせて利用する。

演 習 問 題

〔10.1〕 さまざまな場所に行き，その場所でどのような音が聞こえたかリストにまとめ，さらに自分の耳には聞こえないが鳴っているはずの音をリストにまとめなさい。

〔10.2〕 映像作品視聴し一つのシーン（シークエンス）を取り上げ，その中にどのような音が含まれているかリストにまとめ，〔10.1〕と比較しなさい。

〔10.3〕 架空のキャラクターの足音を，キャラクターの特性を考慮し身近な素材を利用して発生させ，スマートフォンで録画（録音）しなさい。

11章 AI時代の社会

◆本章のテーマ

本章では，まず，情報化社会がどのように成立したかについて学ぶ。情報技術の中でも近年では，AI（人工知能）の発展が著しく，社会に与える影響も大きい。そこで，このAIがどのようなものであり，社会にどのような影響を与えているかについて見ていく。特に，AIは人間の雇用を奪うものであるのか，といった点や，自動運転車が事故を起こした際の責任の所在などについて詳しく見ていく。そして，章の最後では，AIがビジネスにおいてどのように活用されていくかについて考察する。

◆本章の構成（キーワード）

11.1　情報化による社会の発展
　　農業革命，産業革命，情報革命
11.2　AIとはなにか
　　AI，人工知能
11.3　技術の進化と人間社会の関係
　　ラッダイト運動
11.4　社会としてAIにどう向き合うか
　　AIを活用する際の責任の所在，自動運転システム
11.5　AIのビジネスにおける活用
　　21世紀的な知識産業

◆本章を学ぶと以下の内容をマスターできます

☞ 情報化により社会がどう変化しているか
☞ 技術の進化と人間の社会の関係はどのようなものか
☞ 社会としてAIにどう向き合うか
☞ AIのビジネスにおける活用

◆関連書籍

・太田：人とコンピュータの関わり（メディア学大系5）
・稲葉，松永，飯沼：教育メディア（メディア学大系6）

11.1 情報化による社会の発展

みなさんは，スマートフォンに触らない日があるだろうか？ 多くの人は，毎日，必ず，スマートフォンに触れていることと思う。スマートフォンを使えば，家族や友人といつでも好きなだけコミュニケーションをとることができるし，ゲームなどを楽しむこともできる。さらに，なにかを調べたいときには，検索エンジンを使えば，大量の情報の中から，必要な情報に，瞬時にアクセスすることができる。このようにスマートフォンや検索エンジンは非常に便利で，現代の生活に不可欠なものであるが，大昔から，人々の手にあったわけではない。人類の成し遂げてきた，技術の進化，社会の進化の，現時点における到達点としてそこにあるものなのだ。

それでは，人類の社会はどのように発展し，ここに至ったのだろうか？

トフラー（Alvin Toffler）[1)]は，人類は，ここに至るまで，三つの大きな波を経験してきたと指摘している。第1の波は**農業革命**であり，農業が人間の生活を大きく進歩させた。第2の波は**産業革命**であり，工業の発展により，工場などの施設で一気に大量の製品をつくり，それを広く流通させる，大量生産大量消費型の社会が生まれた。第3の波は**情報革命**であり，情報が社会を動かす，情報化社会が生まれた。ここで言う，情報化社会とは，「物や資本などに代わって知識や情報に価値が置かれ，情報の生産・収集・伝達・処理を中心として社会・経済が発展していく社会」[2)]のことである。

特にインターネットが，この情報化社会の発展に大きく寄与した。ケース（Steve Case）[3)]は，現代の情報化社会は，変革の波を大きく3度受けてきたと指摘している。第1の波は，インターネットの誕生から初期の時代であり，大学やハイテク企業，通信事業者，インターネット接続業者らがその中心におり，生活者をインターネットに接続することを可能にした。第2の波は，整備されたインターネットのプラットフォーム上で多様なサービス，例えば，ソーシャルメディア，検索サービスなどが発展するとともに，モバイル，スマートフォンが普及しアプリが広く使われるようになった時代である。そして，第3

の波は，IoT（Internet of Things：モノのインターネット）が発展し，サイバー空間にある情報だけでなく，実際のモノも含めて，あらゆるものがネットワークに接続する，あらゆるモノのインターネット（Internet of Everything）の時代をもたらした。ここにおいて，インターネットが経済・社会のさまざまな活動と統合され，社会は大きく変わってきたとケースは述べている[4)]。

11.2 AI とはなにか

情報化社会の発展の中で，インターネットとともに，社会を大きく変えるインパクトを持つ技術という意味で，特に注目されているのが，**AI**（artificial intelligence：**人工知能**）である。ところで，みなさんは，AI と言うと，なにを思い浮かべるだろうか？ 映画やマンガ，ゲームなどには，人間と見まがう動きをし，話をする，人型ロボットやアンドロイドが出てくることがある。当然，そうした，登場人物を思い浮かべる人もいると思う。時に彼らは，主人公を助ける頼りがいのある友人であり，時に主人公に襲いかかる悪役であったりする。こうしたフィクションに登場する AI のイメージも，間違いとまでは言えないが，このイメージにひっぱられすぎるのは，AI の実態を理解するうえでは望ましくない。

人工知能学会[5)]の解説によると，人工知能の研究には二つの立場があり，一つは人間の知能そのものを持つ機械をつくろうとする立場であり，一つは人間が知能を使ってすることを機械にさせようとする立場である。実際の研究のほとんどは後者の立場であり，現代の人工知能の研究では人間のような機械をつくっていることはあまりない，と解説されている。

では，現実の AI とはなんだろうか？ 現代人工知能の父・マッカーシー（John McCarthy）は，AI とはなにかという質問に対して以下のように回答している「the science and engineering of making intelligent machines, especially intelligent computer programs」[6)]。だが，このマッカーシーの回答は，知能とはなにかを定義はしていない。知能とはなにかというのは，定義が非常に難しく，その点についてこの回答は語ってはいないのだ。こうした定義の難しさがあるため，AI の定義は多くあり，定まった定義があるとは言い難い。

つぎに，改めて，AI の歴史を振り返ってみよう。『平成 28 年度版情報通信白書』[7]によると，現代につながる AI の研究は，1950 年代に始まったが，これまで，第 1 次，第 2 次，現在の第 3 次ブームがあった。第 1 次ブームは，1950 年代後半に起こった。コンピュータによる推論や探索ができるようになり，さまざまな問題に対する解を提示できるようになったことから，このブームが起こったとされる[7]。第 2 次ブームは，1980 年代に起こった。コンピュータが推論するために必要な情報を，コンピュータが認識できる形で記述した知識を与えることで，AI が実用可能な水準に達し，多数のエキスパートシステム，すなわち，専門家のように振る舞うプログラムが生み出されたとされる[7]。第 3 次ブームは，2000 年代に起こった。ビッグデータと呼ばれる大量で多様なデータを用いることで AI が知識を獲得する機械学習が実用化された。さらに，知識を定義する要素を AI が自ら得る深層学習が発展したことでブームが起こったとされる[7]。

現在 AI は，みなさんの身近なところでも広く活用されている。例えば，スマートフォンに搭載されている音声で答えてくれるアプリケーション，自動車各社が力を入れている自動運転車などである。しかし，AI を活用するための社会環境やルールの整備はこれからである。これが進めば，AI が社会にもたらすインパクトは，一層大きくなると考えられている[7]。

11.3　技術の進化と人間社会の関係

つぎに，AI が社会に与える影響について考える。AI が非常に発達すると，それまで人間にしかできないと思われてきた，深く考えなければできないことや，難しいことであっても，AI が代わってできるようになる可能性があるという予測がある[8]。

本当にそうなるかどうかについては懐疑的な意見もあり，この先どうなるかはわからない。しかし，このような予測がされるのを聞くと「面倒な仕事はAIに任せて楽しいことだけしていられるなら，ラッキー！」と思う人もいるだろうし，「いま，大学生で，これから就職活動をしなければならないのに，私の仕事が奪われてしまうのでは？」と不安に思う人もいるだろう。

一般に，AIに限らず技術革新は，技術が人に取って代わることで，人間の職をなくす結果を生むと同時に，新しいビジネスを登場させることで，人間の職を新しくつくる効果ももたらす[9]。

過去を振り返ると，19世紀にイギリスで起こった産業革命では，機械によって，熟練工の雇用が失われたという面は確かにあった。この時期には著名な**ラッダイト運動**が起こっている。これは，1810年代に起こった，職人や労働者による機械打ち壊し運動のことであり，その運動の指導者はネッド・ラッド（Ned Ludd）であったと言われている[10]。個々の熟練工にとっては，産業革命は，失業という恐ろしい事態をもたらした反面，この時期のイギリスでは実質賃金が上昇し，利益が労働者に分配されていったという面もあった[11]。

現在でも，AIによる影響を待つまでもなく，新卒の学生に対する，企業や社会からの求人需要は大きく変化している。以前は，事務を執る人への需要が大きくあったが，現在では，事務作業はコンピュータが行うようになったため，そうした需要は非常に小さくなった。反対に，高度なコミュニケーションと専門的性のある人材への需要は高まっている[9]。AIは人から職を奪うのではなく職が求める内容を変化させるのである。その時代時代で人間を必要とする職が新しく生まれると言うことができ，恐れる必要はない[12]。

AIに限らず，実態の理解しにくい新しい技術に対して，人間は怖いと感じることがあるが，実態を理解すればそのような心配はなかったことがわかるであろう。AIを恐れる必要はないが，こうしたことが話題になることそのものが，AIの進化を示しているとも言える。

とはいえ，技術の進化を止めることはできない。技術は進化するものであり，それにあらがうことは，まったく不毛といってよい。そうではなく，人間はそれをいかに活用するかを考えることで，より社会を発展させることが求められている[12)]。

11.4　社会として AI にどう向き合うか

先に述べたように，AI を恐れる必要はないが，AI をいかに活用するかを考えることで，より社会を発展させることが求められている段階にきたことは確かである。では，社会として，AI にどのように向き合ったらよいのだろうか。多くの課題や観点があるが，ここでは，二つの観点，すなわち，**AI は要素技術の一つであると考えるという観点**と，**AI を活用する際の責任の所在**という観点から，社会として AI にどう向き合うかについて述べる。

最初に，要素技術の一つであると考えるという観点について記す。AI は，なにか特別な技術というわけではない。コンピュータに関するさまざまな技術，通信やインターネットに関係するさまざまな技術，バーチャルリアリティなどのヒューマンインタフェースに関するさまざまな技術，などがあり，そうした技術に加えるかたちで，AI を考える必要がある。人間にとって，現在，使うことが可能な技術をさまざまに組み合わせて，社会をより豊かにするために活用し，社会を発展させていくことが望ましい[12)]。

二つ目に，AI を活用する際の責任の所在という観点について記す。なにか事故や問題が起こった際に，責任をどのように，だれが取るのかという問題に対し，社会として向き合う必要がある。AI の深層学習の場合には，結果は出るがプロセスは説明できず，現行の法律における責任論の体系との親和性がないため，大きな問題になる[12)]。

特に，事故が起こった場合の責任の所在が問題になる AI の応用例として，自動運転車が挙げられる。日本経済新聞によると，日本における自動運転車に関する法整備は，2019 年 5 月までに，**自動運転システム**の使用に関する規定を新設した改正道路運送車両法と改正道路交通法が成立している。しかし，事故が起こった際にだれが責任を取るかといった問題や，補償の仕方については，個別の判断となり，今後の課題となった。そのため，システムの不具合が事故原因であるときには，メーカー側が業務上過失致死傷罪などに問われる可能性がある。なお，事故が起こった場合，損害保険各社は従来の自動車保険の枠組みで保険金を支払う方針であると報道されている[13)]。

11.5 AIのビジネスにおける活用

この章の最後に，AIのビジネスにおける活用について述べておく。ビジネスで活用されてきた，従来のITシステムで通常用いられてきたプログラムは，基本的に，ソースコード，すなわち，コンピュータプログラムの詳細設計とその実現を記述したもの，に書かれた通りに動く。ゆえに，従来のITシステムのプログラムは記述された通りに，定められた通りの動作をする。

企業に導入されてきた在来のITシステムは，このようなプログラムをベースにつくられたものである。そのため，正しく設計され，正しくプログラムが記述されていれば，業務の自動化や，定型的作業の効率化などにおいて，企業の発展に大きく貢献することができるシステムとなった。

しかし，在来のITシステムが，新しい価値の創造が問題になる業界，ビジネスの革新といった領域，あるいは，クリエイティブな領域において，広く活用されてきたとは言い難い。つまり，20世紀的な工業製品の生産には役に立ったが，**21世紀的な知識産業**，クリエイティビティが問われる産業において活用するには，本質的に，従来のITシステムには問題が多かった。

例えば，広告ビジネスは，まさに，こうした新しい価値の創造やクリエイティビティが重要な業界であり，従来のITの活用は限定的な分野にとどまっていた。しかし，AIは広告ビジネスで活用するのにふさわしい技術である。

AIも，プログラムであることには代わりはないが，従来のプログラムとは異なる特色を持つ。AIの中核となるソフトウェアは，大量のデータを学習してその中から特徴を捉える，あるいは微妙な変化を発見することができる。人間のように見て観察し，多くの場面やエピソードを学習し，異変を感知し，変化を予測し，行動計画を導き，あるいは，最適なバランスを見出したりすることが可能である。また，それらの応用として，絵を描いたりすることもできる。

つまり，AIをベースとしたシステムでは，AIのエンジンのプログラムを変更することなく，データから学習してある種のデータ上の経験を獲得することによって，自らの判断や行動を変化させることができる。その結果，あたかも，人間と同様な知能があるかのように見える働きや，創作を行うことが可能になっている。

こうしたAIの特長を考えると，変化が激しく，クリエイティビティが重要な広告ビジネスに，AIは非常に役に立つ技術であるということができるだろう。広告ビジネスに携わる人々は，時代の変化に即応し，時代をつくりながら，企画をたて，創造性を発揮し，クライアントや生活者とのコミュニケーションを日々行っている。

具体的な職種では，ストラテジックプランナー，アートディレクター，コピーライターなどを挙げることができる。

広告の戦略を考える，ストラテジックプランナーに関しては，生活者の活動をサイバー，フィジカル双方にわたって把握するために，クッキーやオフラインデータなどを複数のデバイスをまたがってIDで紐づけしていき，発見的な分析を行うことで，これまでは提案できなかったような，新たな戦略を提案できるようになる。個人情報保護の観点から，こうしたデータの活用にあたっては，生活者の意向を反映し，許可された使い方以外には使わないなどの注意が必要だが，適切に活用すれば，生活を便利にする一助となり得る。

広告の視覚面の責任者である，アートディレクターに関しては，過去のクリエイティブ・データベースを作成して，それを用いることで，クリエイティブ，レイアウト，テンプレートの自動生成をAIで行うことができるようになる。

広告の文章を考えるコピーライターに関しては，AIが作成するテキストは短いものならば破綻することはないので，多くの案をAIによって示させて，それを活用して最終的なコピーをつくることができるようになる。

これらの職種に関しては，積極的なAIの活用が可能であるが，そうは言っても，最終的な判断などで人間の介在する部分は残っている。人間が行う仕事の重点を変化させつつ，AIを活用することで，ビジネスはより，大きく発展することができると思われる[14)]。

演　習　問　題

〔11.1〕 これまでAIは何回くらいのブームを起こしてきたか。

〔11.2〕 身近なAIの活用例について調べて，記述しなさい。

〔11.3〕 ラッダイト運動とはなにか述べなさい。

〔11.4〕 AIの活用例として重要な自動運転車において事故が起こった場合には，どのように，だれが責任を負うのでしょうか。考えを述べなさい。

12章 ソーシャルグッド

◆本章のテーマ

本章では，社会的に良いこと，社会によい行いを意味する，ソーシャルグッドについて学ぶ。最初に，「持続可能な開発目標（SDGs）」について詳しく考察する。さらに，市民の社会貢献活動としてのNGO，NPOについて学んだあと，ソーシャルビジネスとはなにかについて考え，最後に，コミュニティへの貢献の必要性について学ぶ。

◆本章の構成（キーワード）

12.1　社会のためによいことをする
　　ソーシャルグッド
12.2　SDGs　17の目標
　　SDGs，17のゴール
12.3　市民の参加
　　市民，非営利団体
12.4　NGOの例
　　NGO
12.5　NPOの例
　　NPO
12.6　ソーシャルビジネス
　　ソーシャルビジネス，ユヌス
12.7　コミュニティへの貢献
　　コミュニティ

◆本章を学ぶと以下の内容をマスターできます

☞　ソーシャルグッドとはなにか
☞　SDGs　17の目標とはなにか
☞　NGO，NPOの活動
☞　コミュニティへの貢献

◆関連書籍

・進藤：コミュニティメディア（メディア学大系7）
・榊：ICTビジネス（メディア学大系8）

12.1 社会のためによいことをする

みなさんはボランティアをしたことがあるだろうか。ボランティアに限らず，自分の時間を自分の楽しみのためや，給料を得るために使うのではなく，社会のためによいと思われる，さまざまなことをするのに使った経験がある人もいるだろう。社会のためによいことをするのは重要であるという考え方は，現代社会で，広く認められるようになっている。こうした，社会的によいこと，社会によい行いを，**ソーシャルグッド**と言う。ソーシャルグッドの実現は，現代社会において大きな目標となっている[1)]。この概念が，キーワードとして登場し，ビジネスの世界にも影響を与え始めたのは2010年ごろのことである。これには，コトラーらが「世界をより良い場所にすること」を目標として発表したコンセプトである，「マーケティング3.0」が影響している[2)]。

12.2 SDGs 17の目標

しかし，ソーシャルグッドの実現は容易なことではなく，現在，世界に存在する多くの課題を解決する必要がある。世界に存在する課題と，それらに関して達成すべき具体的な目標に関しては，2015年の国連サミットで「持続可能な開発目標（**SDGs**：sustainable development goals)」としてまとめられている。SDGsは2016年に正式に発効し，2030年までの15年間の国際目標となった。この達成に向けて，多くの国や人々が結集し，取組みを進めてゆくことになった[3)]。

SDGsは人間と地球のための行動計画である。ここでは，貧困を撲滅すること，持続可能な開発の実現に必要なさまざまな手段を取ることが宣言されている。また，だれ一人取り残すことなく，持続可能な開発の3側面，すなわち経済，社会および環境の3側面を調和させることを目指している点にも特徴がある。具体的に，SDGsは**17のゴール**から構成されている[3)]（**図12.1**）。

図 12.1　SDGs のロゴ[3)]

このSDGsの17のゴールは，**表 12.1** のようになっている。

SDGsの実現に向けて，日本においても取組みが始まった。日本政府は，2016年に，「SDGs推進本部」を設置し取組み体制を整えた。さらにこの下で，行政，民間セクター，NGO，NPO，有識者，国際機関，各種団体等を含む幅広いステークホルダー（利害関係者）によって構成される「SDGs推進円卓会議」を開催し，「SDGs実施指針」を決定した。また2019年には「拡大版SDGsアクションプラン2019」を決定している[4)]。

SDGsには政府だけでなく，民間企業もさまざまに取り組んでいる。例えば，電機大手のパナソニックは，「7 エネルギーをみんなにそしてクリーンに」という目標の達成に向けて，「ソーラーランタン10万台プロジェクト」に取り組んでいる。これは，パナソニックが専門とする，照明や電池，ソーラーエネルギー技術を利用してソーラーランタンを開発し，電気が通っていない地域で暮らす人々の生活の向上に貢献しようとする活動である[5)]。

また，トイレタリー大手の花王は，長年にわたり障がいがある方に対してもない方に対しても，さらに年齢に関わりなく，すべての人々に安心して，わか

表 12.1 SDGs の 17 のゴール[3)]

1	貧困をなくそう	あらゆる場所で，あらゆる形態の貧困に終止符を打つ。
2	飢餓をゼロに	飢餓に終止符を打ち，食料の安定確保と栄養状態の改善を達成するとともに，持続可能な農業を推進する。
3	すべての人に健康と福祉を	あらゆる年齢のすべての人々の健康的な生活を確保し，福祉を推進する。
4	質の高い教育をみんなに	すべての人々に包摂的かつ公平で質の高い教育を提供し，生涯学習の機会を促進する。
5	ジェンダー平等を実現しよう	ジェンダー（社会的性差）の平等を達成し，すべての女性と女児のエンパワーメントを図る。
6	安全な水とトイレを世界中に	すべての人々に水と衛生へのアクセスと持続可能な管理を確保する。
7	エネルギーをみんなにそしてクリーンに	すべての人々に手ごろで信頼でき，持続可能かつ近代的なエネルギーへのアクセスを確保する。
8	働きがいも，経済成長も	すべての人々のための持続的，包摂的かつ持続可能な経済成長，生産的な完全雇用およびディーセント・ワーク（働きがいのある人間らしい仕事）を推進する。
9	産業と技術革新の基盤をつくろう	レジリエントな（復元力のある）インフラ（社会基盤）を整備し，包摂的で持続可能な産業化を推進するとともに，イノベーションの拡大を図る。
10	人や国の不平等をなくそう	国内および国家間の不平等を是正する。
11	住み続けられるまちづくりを	都市と人間の居住地を包摂的，安全，レジリエントかつ持続可能にする。
12	つくる責任，使う責任	持続可能な消費と生産のパターンを確保する。
13	気候変動に具体的な対策を	気候変動とその影響に立ち向かうため，緊急対策を取る。
14	海の豊かさを守ろう	海洋と海洋資源を持続可能な開発に向けて保全し，持続可能な形で利用する。
15	陸の豊かさを守ろう	陸上生態系の保護，回復および持続可能な利用の推進，森林の持続可能な管理，砂漠化への対処，土地劣化の阻止および逆転，ならびに生物多様性損失の阻止を図る。
16	平和と公正をすべての人に	持続可能な開発に向けて平和で包摂的な社会を推進し，すべての人々に司法へのアクセスを提供するとともに，あらゆるレベルにおいて効果的で責任ある包摂的な制度を構築する。
17	パートナーシップで目標を達成しよう	持続可能な開発に向けて実施手段を強化し，グローバル・パートナーシップを活性化する。

りやすく使いやすいという視点で商品を開発することに努めている。こうした，だれでも公平に使え，使ううえでの自由度が高いように配慮されたデザインの方法をユニバーサルデザインと呼ぶが，こうしたデザインは「3すべての人に健康と福祉を」というSDGsの目標達成に寄与する取組みであると言える[6]。

12.3 市民の参加

前述したSDGsの目標達成に向けて，日本政府が招集した会議には，政府関係者だけでなく，企業や市民も参加していた。ソーシャルグッドの実現に向けては，政府，企業，市民の協働が不可欠である[7]。前節では，政府と企業の活動についておもに述べたので，ここでは**市民**の活動について述べる。

社会を良くしたいと考える市民が，活動に取り組むにあたっては，**非営利団体**をつくることがある。ではこの非営利団体とは，いったい，どのような組織だろうか。

非営利団体のおもな形態にはNGO（Non-Governmental Organization：非政府組織）とNPO（Nonprofit Organization：特定非営利活動法人）がある。NGOとNPOはともに政府機関ではなく，企業のような営利団体でもないところは共通している。NGOとNPOの違いについては，国際的な活動をしているか，国内の活動中心であるかで判断する場合がある。

また，非政府であることに焦点がある際にはNGO，非営利であることに焦点がある際にはNPOと呼ぶ場合もある。さらに，基づく法律がNGOは国連憲章71条であるのに対し，NPOは特定非営利活動促進法であることで区別することもある。しかし，NGOとNPOを区別せずNGOと一括して呼ぶ場合も多い[8)-10)]。

NGOという言葉は，国際連合が最初に用いた用語である。国連は，非政府の非営利団体をNGOと呼び，協力関係をつくってきた。国連が協力関係を結んでいるNGOには，宗教団体，社会運動団体，労働団体，経済・業界団体，民族・地域団体，専門家集団など，多様な団体が含まれている。しかし，一般にNGOとは，非政府，非営利の立場に立った市民が主導する自律的な組織で，国際的な課題に対して公益的な活動を行う組織のことである[10]。政府や企業でも公益，利他主義という価値は重要であるが，NGOの場合にはそれが最も重要な目標，価値である点に特徴がある[7]。

NGOやNPOの活動にあたっては，寄付や会費による収入，国や民間団体からの補助金や助成金，営利部門が実施するビジネスによる収入，などを組み合わせて資金調達（ファンドレイジングと言う）している場合が多い。近年では，クラウドファンディング（インターネットなどのサイトを通じて資金を集める手法）による資金調達も広く行われている。

12.4 NGO の 例

つぎに，**NGO**の例を二つ紹介する。12.3節で説明したように，NGOは政府ではない組織が，国連などと連携して，国際的な支援等を行っている場合が多い。

一つ目に紹介するのは，「国境なき医師団」である。国境なき医師団は，独立・中立・公平な立場で医療・人道援助活動を行う民間・非営利の国際団体である。1971年に設立され，1992年に日本事務局が発足，その活動が評価され，1999年にはノーベル平和賞を受賞している。国境なき医師団の活動は，緊急性の高い医療ニーズに応えることを目的としている。彼らは，紛争や自然災害の被害者や，貧困などさまざまな理由で保健医療サービスを受けられない人びとの救援に当たっている。世界に多くの事務局を設置しており，おもな活動地はアフリカ・アジア・中東・中南米である。2018年には70か国以上で活動しており，約4万7000人のスタッフが働いている[11]。

二つ目に紹介するのは，「非暴力平和隊」である。非暴力平和隊は，地域紛争の非暴力的解決を実践するために活動している国際的なNGOである。2002年にインドのデリー近郊，スラジタンドで設立総会が開催され，正式に国際NGOとして活動を開始した。事務局はベルギーのブリュッセルにある。非暴力平和隊は，各地の紛争地に国際チームを派遣し，地元の非暴力・平和団体や人権活動家と協力し，地元活動家や地域住民等に対する脅迫，暴力等を軽減させ，地域紛争が非暴力的に地元の人によって解決できるよう支援している[12)]。

12.5　NPO の 例

続けて，**NPO** の例を二つ紹介する。12.3 節で説明したように，NPO は，営利を目的にしない組織が，国内などで市民の支援などを行っている場合が多い。

一つ目に紹介するのは，米国で活動する「Breaking Ground」である。Breaking Ground は，旧名 Common Ground として，ハガティ（Rosanne Haggerty）によって 1990 年に設立された。ここでは，設立当初から，ホームレスの人々を支援し，生活の質を向上させるため，安全で安価な住宅の提供を行ってきた。さらに，住居の提供だけでなく，ホームレスの人々に対する就職訓練などを含めた総合的なサービスを提供して，彼らの社会復帰を支援してきた。また，この NPO ではビジネスを行う部門も設け，自ら雇用をつくり出している。近年では，さらに領域を広げて，活動を継続している[13)]。

二つ目に紹介するのは，日本で活動する「カタリバ」である。この NPO は，すべての 10 代の子どもたちが，どんな環境に生まれ育っても，未来をつくり出す力と，意欲，創造性を手にできるようにしようと，活動している。この団体が運営する「出張授業カタリ場」では，高校生を対象に，学生のボランティアスタッフが中心となって約 2 時間の授業で高校生と本音で語り合う授業を実施している。「高校生の探究心に火を灯す授業」をコンセプトに，大学生や社会人との対話や出会いを通して，高校生に，新たな自分を発見してもらうことを目指している[14)]。

12.6　ソーシャルビジネス

つぎに，社会貢献をビジネスを通じて実施している例について考察していこう。社会的課題を解決するためにビジネスの手法を用いて取り組むことを**ソー**

シャルビジネスと言う[15)]。これは，ビジネスそのものの中に，社会貢献の要素を盛り込んで継続的に実施する長期的な視野を持った活動である。

ソーシャルビジネスの例として，「グラミン銀行」を紹介する。グラミン銀行はバングラデシュにおいて，**ユヌス**（Muhammad Yunus）により1983年に創設された。バングラデシュは，世界最貧国の一つである。ユヌスは，ここで必要とされる組織として，貧困層のための銀行を設立し，低金利の融資を行った。融資の借主のほとんどは農村の女性であったが，グラミン銀行のさまざまな努力もあり，彼女らからの返済率は非常に高かった。グラミン銀行はバングラデシュの人々に，生活を向上させる機会を与えたということができる。ユヌスはこれにより2006年にノーベル賞平和賞を受賞している。グラミン銀行はその後もビジネスモデルを必要に応じて変化させており，多様な金融商品や柔軟なサービス展開で顧客の利便性を高めることにより，利用を促進し収益につなげている[16)]。

この活動に対し，協力し，共同でソーシャルビジネスを進めている日本の企業としては，ファーストリテイリング（ユニクロ）がある。ユニクロは，バングラデシュで合弁会社，グラミンユニクロを設立している。グラミンユニクロの服はバングラデシュで生産，販売され，そのすべての収益はビジネスに再投資されている。また，この工場で働く人たちが，健康的な生活を営むための基礎教育を身に付け，安心して働くことができる環境を提供しており，この事業を通じて，バングラデシュの社会に貢献している[17)]。

12.7 コミュニティへの貢献

さて，この章では，ソーシャルグッド，SDGsから始めて，さまざまなかたちで社会に貢献する考え方や目標，組織，方法について述べてきた。章の最後にあたり，なぜ，こうした活動が必要であるかについて，いま一度，考えてみよう。

こうした活動が必要であることの根本には，いつの時代においても，人は一人で生きることはできない，この地球で生きていくしかない，ということがある。人は，一人で生きることができず，この地球で生きていくしかないために，生存のための「場」，ほかの人とともに生きる「場」，コミュニケーションのための「場」を必要としており，この「場」を崩壊させないためには，ソーシャルグッド，SDGs といった考え方が重要になる。

この「場」を**コミュニティ**と呼ぶことがある。英語の community には，地域共同体の意味があり，ラテン語の communis を語源としている[18)]。communis という言葉は，com「～とともに」と munis「分担した」という二つの部分からなり，「共同の，共有の」「義務をともに果たす」という意味がある[19)]。語源からは，コミュニティとは，生きるために必要な仕事を積極的に分担し合い，おたがいに奉仕し合うような，強いコミットを求める関係性を意味する語であることがわかる。広井はコミュニティを「構成メンバーの間に一定の連帯ないし相互扶助（支え合い）の意識が働いているような集団」であると定義している[20)]。

21 世紀に入り，インターネットによって人々が容易につながることが可能になり，コミュニティは世界的な広がりを持つようになっている。現代のコミュニティは，20 世紀的な枠組みを超え，グローバルに展開し，ソーシャルグッドを追求しているということができる。

演習問題

〔12.1〕 SDGs とはなにか述べなさい。

〔12.2〕 SDGs に取り組む民間企業の例を調べなさい。

〔12.3〕 NGO，NPO とはなにか述べなさい。

〔12.4〕 あなたは，将来，NGO や NPO，もしくは，ソーシャルビジネスを実施する企業で仕事をしてみたいと思うか，または思わないか。その理由を具体的に述べなさい。

13章 ディジタルジャーナリズム

◆本章のテーマ

本章では，ディジタル時代のニュースやジャーナリズムについて扱う。ニュースは日々，大量に発信されているが，生活者のメディア接触の変化に伴いニュースを見る方法も変化している。これまでは，新聞，雑誌，テレビ，ラジオなどが主要なメディアであったが，現在はインターネット，スマートフォンを使った接触がおもになってきている。こうした時代に，ニュースやジャーナリズムはどのように変化していくのだろうか。この章では，まずニュースとはなにか，マスコミとはなにかを考えたあと，ディジタル時代のジャーナリズムについて考察していく。

◆本章の構成（キーワード）

13.1　ニュースとはなにか
　ニュース，新しいこと
13.2　報道されるニュース
　大きく扱われるニュースの要素
13.3　マスコミとはなにか
　マスコミ，マスコミュニケーション
13.4　生活者のメディア接触
　生活者のメディア接触
13.5　ディジタル時代のニュース
　ニュース報道
13.6　ジャーナリズムとはなにか
　ジャーナリズム
13.7　調査報道
　調査報道
13.8　ディジタル時代のジャーナリズムの課題–1
　調査報道ジャーナリズム
13.9　ディジタル時代のジャーナリズムの課題–2
　フェイクニュース

◆本章を学ぶと以下の内容をマスターできます

☞ ニュースとはなにか
☞ 生活者のメディア接触とマスメディアの市場規模の変化
☞ ディジタル時代のニュース
☞ 調査報道ジャーナリズムとはなにか

◆関連書籍

・進藤：コミュニティメディア（メディア学大系 7）

13.1 ニュースとはなにか

みなさんは，日々インターネットやテレビ，ソーシャルメディアのタイムライン上などでニュースを見ているのではないだろうか。このニュースとは，改めて考えるといったいなんのことだろう。字義通りの意味では，**ニュース**とは，「**新しいこと**」である。メディアを通じて伝えられるニュースにより私たちは，今日，もしくはいま起こった出来事，例えば，台風による大雨が降っていることや選挙の結果などを知ることができる。

しかし，ニュースに求められている要素は新しさだけではない。新しさに加えて，新聞協会によると，人間性，社会性，地域性，記録性，国際性などの要素が求められ，伝えられている[1)]。

この，新聞協会の言う，人間性とは人間の生死や，苦難について扱うことである。事故で多くの方が亡くなったような場合，大きなニュースになる。社会性とは社会的な影響力の強い事項について扱うことである。最近になって注目されたりする問題，例えば2020年の東京オリンピックの開催前，開催後の変化や，発生する問題は社会的に注目を集めているので，大きなニュースになり得る。地域性とは自分の住んでいる地域によって，注目される事柄も変わるということである。自分の住んでいる地域で大雨が降れば自分にとっては大きなニュースであるが，日本国内であっても遠い地域の出来事であれば，自分にとっての影響はあまり大きくない。記録性とは，さまざまな出来事が，また株価などの数字が，報道され掲載されることにより，歴史的に重要な記録をつくり出しているという意味である。国際性とは，世界の動向を伝えることである。海外の各国の大統領選挙の結果を伝えたりすることで，世界の動きを読者に伝える役割を果たしている[1)]。

13.2 報道されるニュース

ニュースは日々，大量に発信されているが，大きく扱われるニュースもあれば，目立たない扱いにとどまるニュースや，そもそも，報道されないニュースもある。では，**大きく扱われるニュースの要素**はどのようなものであろうか。まず，時間的に最新のものであること，強い影響力があることや，珍しい出来事は大きく扱われる。しかし，それほど珍しい出来事でなくとも，著名人が関わっている場合には大きく扱われる。例えば，軽微な交通事故があったような場合，一般の人が加害者でも報道されないが，芸能人が加害者の場合，大きく扱われることがある。また，流行していることも大きく扱われることがある。2019年にはタピオカドリンクが大ブームになったが，こうした流行している食品を扱う店舗が新しくオープンしたような場合，大きく扱われることがある。また，季節を感じさせるニュース，例えば，夏の花火大会の開催や，年末の伝統行事なども大きく扱われることがある[2)]。

どのような出来事がニュースとなるのかについては，「ニュースとは，ある報道機関の受け手にとって重要であるか，あるいは関心が高い出来事について，報道機関が新たに知りえたことの報告である」という意見もある。つまり，関係者の間ではよく知られていたことであっても，ニュースを伝える報道機関がその時はじめて知り，読者が関心を持つだろうと推測したときに，ニュースになるという意味である[2)]。

さらに，報道機関側の事情により，ニュースとなるかどうか決まるという側面もある。すなわち，その報道機関が，記者を派遣できるかといった要素や，ほかのメディアとの競争などが加わる[2)]。

13.3 マスコミとはなにか

つぎに，ニュースを読者に伝える役割を果たしているマスコミについて考える。そもそも，「マス」とは，「大勢の」「大量の」を意味する言葉である。「メディア」とは，「媒介するもの」を意味する言葉である。ゆえに「マスメディア」とは「送り手が大規模かつ大勢おり，読者が大勢いる状況で送り手と読者を媒介するもの」のことを指す。具体的には，新聞，雑誌，テレビ，ラジオなどのことである。**マスコミ**の元の言葉である**マスコミュニケーション**とは，「大量の情報を伝達して大勢の人々の間に相互作用を巻き起こすようなコミュニケーション」のことを指す[3)]。

マスコミュニケーションを担うマスメディアには，新聞，雑誌，テレビ，ラジオなどがあるが，みなさんもご存じのように，近年，生活者のメディア接触に大きな変化が生じている。

13.4 生活者のメディア接触

具体的に，**生活者のメディア接触**にはどのような変化があるのだろうか。博報堂 DY メディアパートナーズ・メディア環境研究所[4)]によると，生活者のメディア総接触時間（1 日当たり，東京）は，テレビ 153.9 分，ラジオ 25.0 分，新聞 16.6 分，雑誌 10.7 分，パソコン 59.0 分，タブレット端末 28.8 分，携帯電話 / スマートフォン 117.6 分となっている。テレビ，ラジオ，新聞，雑誌の四つのマスメディアの合計接触時間は 206.2 分，パソコン，タブレット端末，携帯電話 / スマートフォンを合計したインターネットなどへの接触時間は 205.4 分である。生活者の全メディア接触時間 411.6 分に占めるインターネットなどの接触時間は 49.9％となっている。

つぎにテレビ，ラジオ，新聞，雑誌の四つのマスメディアの市場規模とその 10 年間の変化について確認する。**表 13.1** に示すように，2008 年と 2018 年の市場規模を比較してみると，テレビは 2008 年に 2 兆 4 330 億円であったのが，2018 年には 2 兆 1 427 億円となり，市場規模は 88％の減少傾向となった[5)]。新聞は 2008 年に 2 兆 1 387 億円であったのが，2017 年には 1 兆 7 122 億円となり，市場規模は 80％の減少傾向となった[6)]。雑誌は 2008 年に 1 兆 1 299 億円であったのが，2018 年には 5 930 億円となり，市場規模は 52％の減少傾向となった[7)]。ラジオは 2008 年に 1 722 億円であったのが，2018 年には 1 387 億円となり，市場規模は 81％の減少傾向となった[5)]。四つのマスメディアの市場規模は 10 年間で，すべて，縮小していることが確認できた。一方でインター

表 13.1　4マスの市場規模の変化[5)-7)]

〔単位：億円〕

	市場規模（2008年）	市場規模（2018年）	10年前と現在の市場規模比較
テレビ	24 330	21 427	88%
新　聞	21 387	17 122	80%
雑　誌	11 299	5 930	52%
ラジオ	1 722	1 387	81%

注）　新聞のみ2017年の数値

ネットの市場規模は拡大を続けている。

生活者がインターネットを中心に，ディジタルメディアに多く接触するようになり，四つのマスメディアの市場規模は縮小している中で，ニュースの読まれ方や役割も変化している。

13.5　ディジタル時代のニュース

生活者がインターネット，スマートフォン，ソーシャルメディアに多くの時間を費やすようになり，新聞，雑誌，テレビ，ラジオなどへの接触時間が減ったことはなにをもたらしたのだろうか。一般の人々のつぶやきや投稿写真が非常に多くの人に読まれ，見られるようになり，リアルタイムに世界の事象について知ることができるようになったことは確かなことのように思われる。

こうした中で，新聞，雑誌，テレビ，ラジオなどに所属していたプロフェッショナルな記者や編集者は役割を終え，一般の人々の投稿にとって代わられるのだろうか。

たしかに，ニュースが一つの製品になるためには，従来，新聞の紙面やテレビの放送時間の枠，日程に納めなくてはならなかった。そうした制約はすでになくなり，リアルタイムにニュースは拡散しつつある。

一方で，現在の四つのマスメディアのニュースをめぐる状況が素晴らしいとも言えない状況にある。ジャービス（Jeff Jarvis）[8)]が指摘するように，テレビニュースは大げさで同じことの繰返しや過度の単純化が多い。日本のワイドショーでも，素人のコメンテーターによって，過度に単純化された伝え方をされていることがある。また，ジャービス[8]は天気に関しては，テレビニュースは不自然なほど力を入れていると指摘しているが，日本のテレビでも台風の最中にリポーターを立たせて，暴風でよろめかせたりしている姿をずっと映しているのを見るときがある。

また，マスメディア以外に，多種多様な情報がインターネットで入手できることにより，マスメディアの報道に，偏向や誤報がある場合には，それを隠し切れなくなったことがマスメディア不信を増幅させている理由の一つであるとも言える。

以上のことから，新聞においては，米国の有力新聞であるワシントンポストが Amazon の創業者に売却されるなどの状況がある。

既存のマスメディアの**ニュース報道**には大きな問題がある。かと言って，ディジタル時代には，一般の人が伝えるインターネット上のつぶやきだけで，ニュースは十分かというと，そのようなことはないだろう。きちんと取材，調査をし，専門家による考察を加えた，プロフェッショナルによる，正確で信頼できるニュースの発信は，人々にとって，世界を把握するために重要である。こうした活動をジャーナリズムと言う。そこでつぎに，ジャーナリズムとはなにかについて考える。

13.6 ジャーナリズムとはなにか

ジャーナリズムとはなんだろうか。小黒[3]によると，ジャーナリズムとは，「正確で，公正な情報を伝達して，社会を監視し，そのような情報に対する高い水準の分析，解釈，批判を通じて，民主主義社会の正当性の土台になる世論を形成し，私たちのために，知る権利を代行するという使命を持つ報道活動」のことである。

一方，ジャービス[8]は，ジャーナリズムを，「人々の情報入手，そして情報整理を手助けする仕事で，コミュニティが知識を広げ，整理するのを手助けする仕事であり，ただなにかを知らせるだけでなく，なにかを主張するものである」と定義している。

正確で正しい情報を整理して伝え，人々のために尽くすことがジャーナリズムの使命であり，そうした役割は，インターネット中心の時代になっても，変わることなく必要とされる。ジャーナリズムが行われるということは，自由な社会をつくり上げるうえで非常に重要なことである。独裁国家においては，新聞，雑誌，テレビ，ラジオ，インターネットなどで自由なジャーナリズムが行われることはない。民主主義の国家であっても，スポンサーの広告収入に頼るジャーナリズムでは，自由な報道ができないこともある。

しかし，かつてのマスメディアのように，人々を大きなかたまり，マスとして扱い，少量の画一的なニュースを大量に流すようなジャーナリズムとは一線を画する新しいディジタル時代のジャーナリズムが必要とされてることもまた確かである。

13.7 調　査　報　道

ディジタル時代において，プロフェッショナルな記者が行うジャーナリズムの役割として重要なのは，**調査報道**である。では，この，調査報道とはなんだろうか。

通常のジャーナリズムは，政府，企業などから提供された情報に依存して受け身で行われ，情報源は信用できるものと考え，情報源は明示されることが多い。世界の客観的な状況を伝えることを目的としているため，一定のペースで迅速に発表され，記事は短いものとなる。記者は客観性を保ち，記事をドラマ仕立ての構成にはしない。間違いはあり得るが，記者が糾弾されることはあまりない[9)]。

この通常のジャーナリズムについては，情報源がホームページなどで自ら発信したり，一般の人々が，たまたま居合わせた現場から映像を用いて中継したりするなどのことが容易になったいま，プロフェッショナルな記者が行う必要性は相対的に下がってきたと思われる。

これに対して，調査報道ジャーナリズムでは，記者が率先して継続的に長期の取材を行い，完成するまで記事は発表しないので，記事は非常に長くなることがある。政府，企業などから提供された情報に依存せず，かえって，彼らの利益を損なう情報を隠していることもあると考え，検証し，真相を突止め，明らかにしていく。そのため，記者の献身的な姿勢を必要とするが，さまざまな情報源を用いて，公正な判断を下すことができる。しかし，間違いがあった場合，記者は個人として制裁を受けるゆえに，執筆するストーリーについては，慎重に評価する必要がある[9)]。

調査報道ジャーナリズムの著名な例はいくつもあるが，例えば，スノーデン（Edward Snowden）がアメリカのさまざまな政府機関の実態を暴いたときには，イギリスの「ガーディアン」の記者が多くの役割を担った。スノーデンは大量の機密文書をそのままの形でガーディアンに提供した。ガーディアンはそれに独自の価値を付加して調査報道を実施した[8)]。

このような調査報道は，プロフェショナルな記者が行う領域として，ディジタル時代にも残るのではないだろうか。しかし，課題もある。つぎに，それらの課題について述べる。

13.8　ディジタル時代のジャーナリズムの課題 -1

ディジタル時代において，プロフェッショナルな記者が行うジャーナリズムの役割として重要なのは，調査報道であることは先に述べた。しかし，このような活動が，経営的に，ビジネスモデル的に，成立するのだろうか。

ディジタル時代になっても，ニュースへの読者からのニーズは減少しておらず，むしろ増えている。インターネット上や，ソーシャルメディア上でニュースを閲覧する人は非常に多い。しかし，こうした閲覧により，ジャーナリストやメディアが収入を得られるかと言うと，そこはまだ難しいのが現状である。新聞や雑誌のように紙媒体に対して読者がお金を払ってくれ，そこに広告を付けていけばよいという時代は終わったが，ビジネスモデルは模索中である。

とはいえ，**調査報道ジャーナリズム**はアメリカでは経済的な危機にさらされてはいない。調査報道の注目度は高く，非営利で調査活動をする「プロパブリカ」などが活発に活動を続けている。調査報道に必要な費用は一般にさほど多くないこともある[9)]。アメリカのこうした方法を日本にも取り入れていくことは可能ではないかと思われる。

13.9 ディジタル時代のジャーナリズムの課題 -2

フェイクニュース（fake news）とは，Cambridge Dictionary[10)]によると，「false stories that appear to be news, spread on the internet or using other media, usually created to influence political views or as a joke（虚偽のストーリー。ニュースのように見え，インターネットやほかのメディアを使用して拡散する。通常は政治的見解に影響を与えるために，または冗談として作成される。)」のことである。これは，ディジタル時代になることで大きな問題になった事象である。

特に，2016 年のアメリカ大統領選挙期間において，多くのフェイクニュースが出回ったことは記憶に新しい。水谷[11)]によると，ワシントン DC のピザ店の地下が，有力政治家や献金者が出入りする児童買春の拠点でそれにヒラリー・クリントン（Hillary R. Clinton）が関係しているというフェイクニュースや，ローマ法王がトランプ（Donald J. Trump）を支持したというフェイクニュースなどが知られているが，これらの記事には，投票日までの 3 か月間で合わせておよそ 295 万件のフェイスブックエンゲージメントがあったとされている。水谷[11)]によると，フェイクニュースの中にはトランプを否定するものもあったが，偽の選挙記事上位 20 件のうち 17 件がトランプを応援するもので，これらがトランプの当選に寄与することになったと言われている。以上のように，インターネットを通じたフェイクニュースの拡散が，民主政治において人々の行動に影響を与えていることがわかる[11)]。

フェイクニュースに加えて，ディジタル広告手法として知られるターゲティングが行われることで，この効果は増幅される現状がある。ディジタル時代においては，ジャーナリズムは，こうした課題を突き付けられている。

演 習 問 題

〔13.1〕 身近な友人や家族が，1日にどの程度，どんなデバイスに接しているか調べなさい。

〔13.2〕 地上波テレビのニュースやワイドショーについて，どんな印象を持ちますか。友人と議論しなさい。

〔13.3〕 ジャーナリズムとはなにか述べなさい。

〔13.4〕 フェイクニュースの事例について調べなさい。

14章 ディジタルマーケティング

◆ 本章のテーマ

本章では，ビジネスを学ぶうえでの重要なキーワードである企業，経営学，マーケティングについて最初に解説する。その後メディアに関わるビジネスを創造していくうえで不可欠な，マーケティング，特にディジタルマーケティングについて述べる。そして，ディジタルマーケティングに含まれる領域の中で，近年特に発展が著しいディジタル広告について，その可能性について考察する。

◆ 本章の構成（キーワード）

14.1　ビジネス系科目の体系とキーワード
　　企業，経営学，マーケティング
14.2　ディジタルマーケティングとはなにか
　　サイバーフィジカルコンバージェンス，ディジタルトランスフォーメーション，ユーザエクスペリエンス
14.3　広告とはなにか
　　広告，インターネット広告，ディジタル広告
14.4　動画広告
　　動画広告
14.5　ディジタル広告の今後の方向性
　　カンバセーション

◆ 本章を学ぶと以下の内容をマスターできます

☞ 企業，経営学，マーケティングという言葉の概念
☞ ディジタルマーケティングとはなにか
☞ 広告，インターネット広告，ディジタル広告の詳細
☞ 動画広告の詳細

◆ 関連書籍

・太田：人とコンピュータの関わり（メディア学大系 5）
・榊：ICT ビジネス（メディア学大系 8）

14.1 ビジネス系科目の体系とキーワード

本書の主要な読者は大学生を想定しているので，多くのみなさんは，アルバイト以外では，ビジネスに携わったことがあまりないと思われる。そこで，この章は，メディアに関わるビジネスを学ぶうえで，重要な言葉を三つ説明することから始めたい。その三つとは，**企業**，**経営学**，**マーケティング**である。

まず，ビジネスについて語るときに欠かせない企業とはいったいなんだろうか。定義としては，「生産すなわち財もしくはサービスのような，経済的給付ないし，効用の創出をその社会的機能としている協働システム。収益性を原理とするものと，非営利を原理とするものがある[1)]」などが知られている。

ところで，学生のみなさんは企業と言うと，儲け，利益を追求するものだとお考えの方も多いのではないだろうか。しかし，経営学の泰斗である（Peter F. Drucker）は，企業は利益を得るためにあるという考え方は，間違いであるだけではなく，的はずれであると述べている。ドラッカーは，企業にとって，利益が重要でないとは言っていない。利益は，企業が存続していくために不可欠なものだが，企業の存在理由はそこにはなく，社会的な役割を果たすために企業は存在するのだと指摘している[2)]。

つぎに，ビジネスを扱う学問である経営学について述べる。経営学の定義としては，「個人としての限界を克服するような，協働システムに関連する科学。企業，官庁，学校，教会，病院，労働組合，軍隊などの形をとっている組織体に共通する，構造と行動の原理を研究すること[1)]」がある。つまり，経営学は，企業をはじめとするさまざまな組織，すなわち，企業，官庁，学校，教会，病院，労働組合，軍隊等の目的の設定とその達成のための企画・運営・管理・成果確認・改善などの組織活動に関する知識の体系である。

この分野は，工業の確立とともに成立し，経営に関連して生じる諸課題を実践的に解決するために発展してきた。経営学の中に含まれる領域としては，経営管理論，会計学，ファイナンス，経営工学，経営情報学，マーケティングなどがある[3)]。

経営学の各分野の中で，メディアに関わるビジネスを学ぶうえで，特に関係が深いのが，マーケティングである。2007年に発表されたアメリカマーケティング協会によるマーケティングの定義は以下のようなものである。「Marketing is the activity, set of institutions, and processes for creating, communicating, delivering, and exchanging offerings that have value for customers, clients, partners, and society at large.（マーケティングとは，顧客，依頼人，パートナー，社会全体にとって価値のある提供物を創造・伝 達・配達・交換するための活動であり，一連の制度，そしてプロセスである）[4]。」

一方，ドラッカーは，マーケティングとは，セリング（売ること）を不要にすることであると定義している。マーケティングの目的は，顧客について十分理解し，顧客に合った製品やサービスが自然に売れるようにすることであり，製品やサービスを買ってくれる顧客を創造するものでもある[5]。

みなさんが，メディアに関わるビジネスを創造していくうえでは，顧客のことを考えることが不可欠である。顧客理解のために，マーケティングという方法は役に立つ可能性が高い。マーケティングの中でも，メディア学にとって最も重要で，また，現代社会においてますます重要度が増しているのが，ディジタルマーケティングという分野である。そこでつぎに，ディジタルマーケティングについて見ていく。

14.2 ディジタルマーケティングとはなにか

ディジタルマーケティングとは，ディジタルを活用してマーケティング目的を果たす活動である。

このディジタルマーケティングにおいて重要な**サイバーフィジカルコンバージェンス**，**ディジタルトランスフォーメーション**，**ユーザエクスペリエンス**の概念について，最初に説明する。

〔1〕 **サイバーフィジカルコンバージェンス** フィジカル世界（実社会）とサイバー世界が収斂していく事象のことを言う[6]。フィジカル世界（実

社会）のさまざまな現象から，ビッグデータをサイバー世界に収集して分析し，実社会にフィードバックすることで，さまざまな問題を解決することが期待されている[7)]。

〔2〕　**ディジタルトランスフォーメーション（DX）**　一般に，「ディジタル技術によってビジネスを進化させること」を言う。DX に関する定義は多数ある。ストルターマン（Eric Stolterman）[8)]は，DX を「The digital transformation can be understood as the changes that the digital technology causes or influences in all aspects of human life.」であると述べている。経済産業省[9)]は，DX の定義として，IDC Japan による以定義，すなわち「DX とは，企業が外部エコシステム（顧客，市場）の破壊的な変化に対応しつつ，内部エコシステム（組織，文化，従業員）の変革を牽引しながら，第 3 のプラットフォーム（クラウド，モビリティ，ビッグデータ / アナリティクス，ソーシャル技術）を利用して，新しい製品やサービス，新しいビジネスモデルを通して，ネットとリアルの両面での顧客エクスペリエンスの変革を図ることで価値を創出し，競争上の優位性を確立することである」を資料で用いている。つまり，DX とは，ディジタル化，サイバーフィジカルコンバージェンスによってひき起こされた市場環境の変化により，企業が行うことを求められている，ビジネスモデル・経営戦略の革新や，IT システム・マネジメントシステムの革新，マーケティング推進方法の革新，製品・サービスそのものディジタル化，それを実現するための組織能力の改革のことを指す。

しかし現実の企業では，これまでの既存システムが老朽化・複雑化・ブラックボックス化する中で，新しいディジタル技術を導入したとしても，データの利活用・連携が限定的であるため，その効果も限定的となってしまうといった問題が発生している[9)]。

〔3〕　**ユーザエクスペリエンス（UX）**　利用者の体験のことである。近年，UX の重要性が言われるようになったのは，人間が価値を感じる体験からメディアやサービスを定義し，設計しようという発想が広く用いられるようになったことが影響している。ここから，UX をデザインするということは，利

用者の体験価値を定義し，新しい知覚世界を広げ，接点を変え，インタラクションを変え，自己拡張感を与えるように，体験を拡張するため，モノ（道具）やサービスをデザインすることであると言える[10)]。

この，UX デザインは，ビジュアルデザインや，ユーザがいかに簡単に仕事を達成できるかのデザインなど，さまざまなユーザまわりのデザインを指す。これに対し，UX 戦略とは，UX を活用した，顧客の開拓や，ビジネスモデルの創造などのことを意味する。UX 戦略を考えるときには，カスタマージャーニーマップ，カスタマーエクスペリエンスマップをつくることが有用であるとされている[11)]。

以上，本書で考えるディジタルマーケティングでは，**サイバーフィジカルコンバージェンス**，**ディジタルトランスフォーメーション**，**ユーザエクスペリエンス**が重要になる。ここから，これらの用語を取り入れた，ディジタルマーケティングのより詳しい定義として，「ディジタルマーケティングとは，サイバーフィジカルコンバージェンスが世界で進み，企業が，ディジタルトランスフォーメーションを図る中で，ユーザエクスペリエンスを重視し，多様な先端技術を活用して展開する，次世代ビジネスの創造」であるとする。

このディジタルマーケティングに含まれる領域には，ディジタル製品開発，ディジタル価格設定，ディジタル流通，ディジタル広告がある。中でも，近年特に発展が著しいのがディジタル広告である。そこで，つぎに，ディジタル広告について考えることにする。

14.3 広告とはなにか

学生のみなさんは，ディジタル広告の基礎となる**広告**について，あまり提供側として接したことがないと思われるので，まずは，広告について説明することから始める。

広告とは，アメリカマーケティング協会による定義では，「メッセージの中に識別可能な営利企業や営利組織または個人が，特定のオーディエンスに対して，製品，サービス，団体またはアイデアについて，伝達または説得をするために，さまざまな媒体を通して行う，有料の非人的コミュニケーション」とされている[12)]。広告は，具体的には，インターネット広告，テレビコマーシャル，新聞広告，雑誌広告，屋外広告，など，多様な形態で提供されている。

つぎに，広告業界の市場規模について確認する。電通[13),14)]によると，日本の広告費は2008年に6兆6 926億円であったのが，2018年には6兆5 300億円となり，市場規模は97.5%の減少となった。

その内訳は**表14.1**に示すように，インターネット広告費は2008年に6 983億円であったのが，2018年には1兆7 589億円となり，市場規模は252%の拡大となった。全広告費に占めるインターネット広告費の割合は，2008年には10.4%であったのが2018年には26.9%となった。インターネット広告以外の，4マスの広告ビジネスの市場規模の10年間の変化は，テレビは100%，新聞は58%，雑誌は45%，ラジオは83%であるので，インターネネット広告が高い成長を見せている反面，4マスの広告ビジネス市場はテレビを除き縮小傾向にあるといえる。

表14.1　広告ビジネスの市場規模の変化[13),14)]

〔単位：億円〕

	広告費の市場規模（2008年）	広告費の市場規模（2018年）	10年前と現在の市場規模比較
テレビ	19 092	19 123	100%
新　聞	8 276	4 784	58%
雑　誌	4 078	1 841	45%
ラジオ	1 549	1 278	83%
インターネット	6 983	17 589	252%

ディジタル広告は，ディジタルマーケティングの一分野であるが，中でも，**インターネット広告**は，すでに市場が大きく開いた分野であるということができる。ディジタル広告の中には，サイバーフィジカルコンバージェンスの技術を使ったものなども含まれるので，ディジタル広告の概念は，インターネット広告を含み，かつ，さらに広いものである。しかし，現実のビジネスではイン

ターネット広告が広く実用されている。そこで，つぎにインターネット広告について詳細にみていく。

現在用いられているインターネット広告のフォーマットには，博報堂DYメディアパートナーズ[15]によると，ディスプレイ広告，リスティング広告，メール広告，ネイティブ広告，動画広告などがある。ディスプレイ広告とは，サイトやアプリ上の広告枠に表示される画像・動画・テキストなどによる広告のことである。リスティング広告とは，検索キーワードなどに連動して表示される画像・動画・テキストなどによる広告のことである。メール広告とは，電子メール内に表示される広告のことであり，メールマガジンや，ダイレクトメールの形式をとる。ネイティブ広告とは，デザイン，内容，フォーマットが，広告が掲載されるメディアのコンテンツ形式や機能と同等で，それらと一体化している広告のことである。動画広告とは，動画ファイル形式の映像，音声を含む広告のことである[15]。

これらのインターネット広告は，広告主（広告を出す企業），広告会社，媒体社（広告を掲載するメディア）の間でどのように取引されているのだろうか。博報堂DYメディアパートナーズ[15]によると，インターネット広告の取引形態には，予約型広告，運用型広告などがある。予約型広告とは，広告を出す期間，必要な金額，広告の出稿内容（掲載面，配信量，掲載内容等）が，あらかじめ定められている広告のことである。純広（広告主が媒体社から広告枠を購入して掲載する広告），プレミアム型広告とも呼ばれ，アドネットワークを経由せずに指定の媒体に掲載される広告のことを指す。一方，運用型広告とは，膨大なデータを処理するプラットフォームにより，広告の最適化を自動的もしくは即時的に支援する広告手法のことである。検索連動型広告などがこれに含まれ，アドネットワーク，アドエクスチェンジなどのプラットフォームを経由して提供される[15]。

つぎに，インターネット広告の代表的な手法について述べる。博報堂DYメディアパートナーズ[15]によると，インターネット広告の最も代表的な手法として，ターゲティング広告がある。ターゲティング広告においては，行動ターゲティング，リターゲティングという方法が用いられている。行動ターゲティングとは，行動，属性，地域情報などから，プロモーションに適したユーザを選択し広告配信することである。一方のリターゲティングとは，すでにサイトなどを訪問しているユーザを対象に，行動履歴情報等をデータベース化し，再訪問，購買を促進することである[15)]。

では，出稿されたインターネット広告の効果はどのように測定されているのだろうか。これまでのマスコミ 4 媒体の広告では，広告の効果が，限定的にしか測定できないという悩みがあった。しかし，インターネット広告では，リアルタイムに正確に広告効果を測定し，その結果をフィードバックして，効果のなかったところを改善し，差し替えて，出し直すということができる。博報堂DY メディアパートナーズ[15)]によると，インターネット広告の効果測定に用いられる指標としては，インプレッション（インターネット広告を表示した回数），クリックスルーレート（インターネット広告がクリックされた数を表示数で割った指標），コンバージョンレート（インターネット広告から購入にいたった数を訪問数で割った指標）などがある。これらの広告指標を測定するための広告効果測定ツールもさまざまに存在する。アドトラッキングツールは，ユーザが広告をクリックして以降の情報を取得するツールであり，コンバージョン（購入等のこと）に至ったかなどを知ることができるツールである。また，アクセス解析ツールとは，広告主サイトを基点にターゲットの流入経路・サイト内の導線を解析するツールである。さらに，第三者配信と呼ばれる第三者が提供するアドサーバーを通じて広告を配信しその効果を測定するする仕組みもあり，これを用いると，ポストインプレッション効果（広告を見たことで，そのあとのユーザの行動が変わる効果），ビュースルーコンバージョン（広告の表示はされたがクリックしなかったユーザが，30 日以内に別のルートでコンバージョンページに辿り着いた数）などを計測可能となっている。こうした成果に対する広告の貢献度を，段階を追って詳細に明らかにする手法はアトリビューション分析と呼ばれている[15)]。

14.4 動 画 広 告

つぎに，インターネット広告の中から，**動画広告**について細かくみてみる。動画広告は，インターネット広告のフォーマットの一つにすぎないが，多くのフォーマットの中にあって，動画広告は現在起っているメディア，技術の進化，生活者の変化をくっきり反映するフォーマットでもあり，広告会社，広告主にとって，総合的，戦略的に，取り組む価値のあるテーマとなっている。おそらくメディアを学ぶ学生にとっても，身近なフォーマットなのではないか。

この動画広告は，日本において，どのような市場を形成しているのだろうか。サイバーエージェント[16]によると，企業からの情報発信において，動画はすでに，一般的なコミュニケーション手段として位置づけられ，さまざまな面で，動画の活用が見られる。目的に合わせた動画広告の活用も進んでいる。結果として，動画広告市場は2018年において1 843億円にまで成長し，特にスマートフォン向けの動画広告は動画広告市場全体の85%に達するほどになった。今後，市場規模は，2020年に2 900億円，2022年に4 187億円，2024年に4 957億円に達する見込みである[16]。

つぎに，動画広告に関して現在までにわかった知見と今後検討する必要のある課題について以下で述べる。

〔1〕 **生活者，広告主，広告会社における課題**　生活者に対しては，個人情報，ビッグデータに基づいた動画広告の提示が容易にできるようになったが，使い方によっては，負のカスタマーエクスペリエンスを生む可能性があることがわかっている。サイバーディジタルコンバージェンスが進化すると生活者を取り巻く環境やモノも含めて捕捉できるようになるが，生活者に嫌悪されることなく，共感されシェアしてもらえるような，生活者の文脈，世界観と気持ちに寄り添った動画広告の内容，提示の仕方，タイミングが課題としてある。

広告主に関しては，動画広告技術への理解があり，積極的に取り組んでいる企業もあればそうでない企業もある。広告部門の責任者の中には，まだ技術的バックグラウンドを持った人は多くない。動画広告への取組みには企業ごとに違いがある。

広告会社に関しては，動画広告技術への理解があり，積極的に取り組んでいる企業もあればそうでない企業もある。広告会社へ求められる役割は大きく変化しており，フルサービスを行う広告会社がある一方で，インターネット広告，動画広告に特化した広告会社が新たに多く登場するとともに，従来は，企業のコンサルティングやシステムインテグレーションを行っていた企業が広告業界へ今後多く参入し，動画広告を扱っていくと考えられる。

〔2〕 **広告主のマーケティング上の課題**　広告主においては，動画広告は「安くできる」という印象により判断を誤っている可能性がある。広告主のブランド構築に動画広告が寄与するかという点については，寄与できる環境が整ってきたので，どう活用するかが問題になってきている。クリエイティブ面も含めてさまざまな試みがされている。投資を抑えつつクリエイティブ面や運用面の工夫でブランドをリフトアップすることが可能だが，この方法論の普及が課題である。

〔3〕 **動画広告のクリエイティブ上の課題**　動画広告のクリエイティブ（動画広告の演出ノウハウ，尺，音，コンテンツマーケティング，素人，個人による動画広告の可能性）に関しては，冒頭5秒が重要であることがわかった。しかし，方法論がまとまっているとは言えない段階にあり，デバイスやプラットフォームごとに，試行錯誤している。また，技術先行でカスタマーエクスペリエンスが損なわれないように工夫するにはどうしたらよいかが課題として浮かび上がった[17]。

14.5 ディジタル広告の今後の方向性

以上，インターネット広告を中心に，ディジタル広告について見てきたが，今後のディジタル広告の方向性について最後に述べる。コトラー（Philip Kotler）[18]は，今後の広告は，プロモーション中心から**カンバセーショ**

ン中心へ変化すると述べている。これまでのマスメディアを通じた広告は，広告主から生活者への一方向のメッセージの伝達にとどまることが多かったが，現在では，広告主と生活者，または生活者同士が，ソーシャルメディアなどを用いて双方向にカンバセーションすることができるようになった。

インターネット広告，ディジタル広告だけでなく，比較的アナログな屋外広告としてこうしたカンバセーション型の広告が提示され，それをきっかけに，ソーシャルメディア上で拡散し，双方向にカンバセーションが広まった例がある。

2017年のカンヌライオンズ国際クリエイティビティ・フェスティバルにおいて，「Fearless Girl」という作品が，大きな話題になった。これは，アメリカの投資会社が「国際女性デー」に合わせて行った屋外広告であり，ウォールストリートの雄牛像の前に，立ち向かう一人の勇敢な少女の像を置き，女性のパワーや権利について主張したものである。この像はすぐに大きな話題になり，女性のみならず，多くの人から圧倒的な支持があった。この広告は，女性の権利について議論を巻き起こし，人々に考えさせるという点で非常に大きな効果があり，生活者同士でのカンバセーションを促すとともに，生活者と広告主のカンバセーションも促し，また，広告主の業績を向上させる効果もあったという意味で，ソーシャルグッドの文脈でもビジネスの文脈でも大きな成功を収めた[19)]。

今後のディジタル広告は，こうした，社会的な意義を持たせて，人々のカンバセーションを誘うような方向に発展していくのかもしれない。

演　習　問　題

〔**14.1**〕 ディジタルマーケティングとはなにか述べなさい。

〔**14.2**〕 ディジタルトランスフォーメーションとはなにか述べなさい。

〔**14.3**〕 広告とはなにか述べなさい。

〔**14.4**〕 動画広告をいくつか見て，印象的な動画広告について，なぜ，それが印象的であったのか，その要因について考察しなさい。

15章 メディア学の流れ

◆本章のテーマ

本章では，メディア学に関連する過去の歴史と現在関連する他分野とを俯瞰する。過去から未来に向かう流れを縦軸とすれば，現在の関連分野は横軸に並ぶ。まず，前章までで紹介したメディアの各分野における過去の重要な発見発明・研究開発の歴史を紹介する。その際の観点としてメディア学のコア領域である表現・環境・技術の三つに着目する。つぎに，本書での入門を修得したあと，より広く学ぶ際の指針としてメディア学以外の学問分野の知見が必要であることを例示して説明する。それらはメディア関連諸分野の入門の一部を紹介する形となる。最後にメディア学の将来を概観する。未来予測ではなく，みなさんがメディアの将来を想像する際に有用となる一般的な考え方を提示して本書の締めくくりとする。

◆本章の構成（キーワード）

15.1　メディアの歴史
　　表現，マスメディア，情報技術，メディアの発展
15.2　メディア学と学際領域
　　コンピュータ科学，デザイン，メディア論，社会学，経済学，
15.3　メディア学の将来
　　因果関係，予測

◆本章を学ぶと以下の内容をマスターできます

☞ メディアおよび関連分野で行われた過去の偉大な業績にはなにがあるか
☞ メディア学は広範な学際領域を含んでおり，それぞれほかのどのような学問分野との関わりがあるか，なにを学ぶべきか
☞ メディアの将来像を描くにはどのような考え方をするのがよいか

15.1 メディアの歴史

本節では，1章で説明したコア領域「表現」「技術」「環境」のそれぞれの観点から，メディアの歴史を振り返ってみる。

表15.1は，視覚表現という観点での人類の新たな時代を拓いた営みをまとめている。歴史とは人間が著した文字の文献が存在する以降の諸事象の記録である。絵画は文字による記録ではないため，この表の最初のほうは正確には先史時代のものということになる。

表15.1 視覚表現の始まりと近年までの歴史

年	出来事
前15000年	ラスコー洞窟の壁画（フランス）
2世紀ごろ	最古のキリスト像（シリア，ドゥラ・エウロポス遺跡）
1481年	遠近法による風景の表現（イタリア，ペルジーノ「ペテロへのカギの授与」）
1825年	写真の発明（フランス，ニエプス「馬引く男」）
1851年	最初の大規模展示（第1回ロンドン万国博覧会）
1871年	チューブ絵具携行による屋外の光の表現（フランス，モネ「印象・日の出」）
1892年	アニメーション映画の発明（フランス，レイノー「哀れなピエロ」）
1895年	映画の発明（フランス，リュミエール兄弟「列車の到着」）
1920年代	視覚記号（絵文字）の発明（オーストリア，ノイラート「アイソタイプ」）
1930年ごろ	テレビ実験放送（イギリス，BBC 1929年，米国，日本1939年）
1940年代	アナログコンピュータ制御による抽象図形の動画（米国，ホイットニー）
1958年	最初のコンピュータゲーム Spacewar!（米国，MITの学部生グループ）
1963年	人工衛星回転の3次元CG映像による可視化（米国，ベル研究所 ザジャック）
1972年	ビデオゲーム PONG（米国，Atari）
1978年	スペースインベーダー（日本，タイトー）
1982年	最初のフルCG長編映画　トロン（米国，ディズニー）
1986年	先駆的CGキャラクター短編　Luxo Jr.（米国，ピクサー）

表の後半は，ディジタル技術が普及したあとの，新規な表現形式やそれを具現化した作品を挙げた。

表15.2は古代からのアナログのメディア技術に関する年表である。これらの各技術は1章で述べたメディアの基本モデルにおけるコンベアにあたるもの

表 15.2 メディア技術の歴史

年	出来事
前 3000 年ごろ	文字の誕生（シュメールの楔形文字，エジプトのヒエログリフ）
前 150 年	紙の発明（中国）
9 世紀	木版印刷（中国）
1444 年	活版印刷術の発明（ドイツ，グーテンベルク）
1454 年	聖書印刷物，ラテン語辞書の出版（ドイツ）
1650 年	日刊新聞の発行（ドイツ）
1825 年	写真の発明（フランス，ニエプス）
1833 年	電信機の発明（ドイツ，ヴェーバー & ガウス）
1876 年	電話の発明（米国，ベル）（1871 年イタリア，メウッチ[注)]）
1890 年代	映画の発明　※表 15.1 参照
1895 年	無線電信の発明（イタリア，マルコーニ）
1897 年	ブラウン管の発明（ドイツ，ブラウン）
1906 年	ラジオ実験放送（米国）
1925 年	テレビ画像の伝送実験（イギリス，ベアード）
1926 年	ブラウン管での画像伝送実験（日本，高柳健次郎）
1930 年ごろ	テレビ実験放送　※表 15.1 参照

注）特許は取得していないが発明した事実はあるとされている。

で，情報を人々に提示する最終段階の技術である。

最も革新的なのは印刷術によって同じ情報を多数の人々に届けることが可能になり，**マスメディア**（mass media）が生まれたことである。グーテンベルクの印刷術の普及が当時の宗教改革を加速させ，中世から近世への転換の大きな原動力となったことはよく知られている。

その後，18 世紀に起きた産業革命による近代化（工業化）を経て，電気電子工学の原理をベースにした情報伝達技術が相次いで登場した。すなわち，電信・電話・無線・ラジオ・テレビが 19 世紀から 20 世紀にかけての 100 年たらずの間に発明されたのである。これにより遠隔への実時間情報伝達が実現した。映画の発明もこの時期である。

テレビの発明に続いてコンピュータも発明された。二度の世界大戦を経て現代へと変遷していく時期であり，コンピュータ発明の主要な目的は暗号解読や弾道計算であった。大戦後はコンピュータ用途が事務処理分野に大きく広まった。一方で，メディア処理の手段やコンベアとしてコンピュータが広まるのは後述のように1980年代を待つことになる。

表15.3は，ディジタル技術の歴史である。現在使われるディジタル・コンピュータの原理はチューリング（Alan M. Turing）によって1936年に提唱された。世界最初に開発されたコンピュータがなんであるかは裁判にもなっているが，1946年のENIACが紹介される場合が多い。

表15.3 ディジタル技術の歴史

年	出来事
1936年	チューリングが仮想計算機械の理論を発表
1940年代	ディジタル計算機の発明（ABC, ENIAC（米国），Z3（ドイツ）Colossus（英国））
1963年	サザランドがSketchPadを発明（ライトペンによる対話型描画ディスプレイ）
1968年	サザランドがHMD（頭部装着ディスプレイ）を発明
1971年	インテル4004開発（世界初のマイクロプロセッサ）
1972年	アラン・ケイがダイナブックを提唱（タブレット端末，GUI）
1977年	アップルII発売（カラーグラフィックスディスプレイのPC）
1981年	IBM PCとMS-DOSの発売（標準PC）
1981年	ジオメトリーエンジンの発明（3DCG処理チップ，GPUの原型）
1984年	アップル マッキントッシュ発売（マウス，GUIの商用化）
1985年	任天堂ファミリーコンピュータ発売
1994年	セガ・サターン，ソニーPlayStation発売（CD-ROMゲーム機）
1996年	Nintendo 64発売（3DCGゲーム機）
2001年	NVIDIA GeFORCE 3開発（プログラム可能なGPUチップ）
2007年	Amazon Kindle発売（電子書籍リーダー）
2008年	アップルiPhone 3G発売（スマートフォン）
2010年	アップルiPad発売（タブレット端末）

この表ではメディア技術をテーマとするため1940年ごろのコンピュータの発明から1970年ごろまでの記述が少ない。この時期，コンピュータは利用者がデータを処理してその計算結果を利用する，という使い方が大半であった。つまり，ディジタルメディアによって豊富な情報を他者に伝達する使い方はされなかった。

その原因の一つは，データ伝送技術が未熟で伝送速度が遅かったことである。また，メモリチップやストレージの容量が小さく高価であったため，画像データを扱うことが困難だったことも原因である。さらに，コンピュータ自体も高価で個人保有は考えられなかった。このため，ディジタル情報を受け取る人々がそもそもいなかったのである。

もちろん，そのような時期（1950～60年代）でも，現在普及しているメディア技術の萌芽的研究や試みは数多く行われている。表15.3のSketchpadはその一例である。1969年にはコンピュータ同士をネットワーク接続するARPANETが実現し，のちのインターネットへと発展していく。

半導体技術の進歩により70年代に**マイクロプロセッサ**（microprocessor）が登場し，安価な**パーソナルコンピュータ**（personal computer：PC）が70年代後半から大衆にも拡がり始めた。ユーザが増えるほどサービスの価値が高まる**ネットワーク外部性**（network externality）の効果が出始める。

80年代には文字データによる**パソコン通信**（PC communication）が始まり，ディジタルメディアの活用が広まっていく。80年代後半から90年代にかけては，文字に加えてディジタル画像の記憶と伝送が容易になり，**マルチメディア**（multi-media）という言葉が流行した。

このように，ディジタル情報の記憶と伝送のための情報技術の**インフラ**（infrastructure：下部構造）が盤石で安定したものになると，その上部に構築される環境の整備が急速に進んでいく。

表15.4はディジタルメディア環境という観点での年表である。1章で述べた通り，ここでの環境とは，情報の活用を人々が行うために整備された環境ということである。おもに，情報を伝達するための新しい仕組みや媒体の形式，すなわちメディアの基本モデルにおけるコンテナを各時代で列挙している。

この表で挙げられる事項はその大半が企業によって実現されている。ビジネスとして仕組みを普及させることは継続的な利益につながるため，企業がその実現に強い動機を持つ。また，その仕組みを創出し運用するには，個人の才能よりも組織力が必要で，初期投資も大きい。このような条件も企業の得意とす

表 15.4　ディジタルメディア環境の歴史

年	出来事
1969 年	ARPANET（計算機ネットワーク接続実験）開始（米国）
1980 年ごろ	PC 通信サービス，BBS（電子掲示板）開始（米国）
1982 年	TCP/IP（標準通信プロトコル）完成
1985 年	通信自由化（日本）による国内 PC 通信の普及
1988 年	商用インターネットサービス開始
1991 年	最初の Web ブラウザ WorldWideWeb 公開（スイス）
1993 年	Web ブラウザ Mosaic（のちの Netscape）配布（米国）
1994 年	Yahoo! 検索サービス開始
1995 年	Windows 95 発売，Amazon 書籍オンライン販売開始
1998 年	Google 設立
1999 年	2 ちゃんねる開設
2001 年	Google の PageRank 技術特許成立，Wikipedia 開始
2004 年	GREE, mixi 運営開始（日本），Facebook 運営開始（米国）
2005 年	YouTube 登場，Google マップ開始
2006 年	Twitter 開始，ニコニコ動画登場
2010 年	Instagram 開始，Uber 配車サービス開始

るところである。

自社が所有するか，または制御権を行使しやすい規格や情報形式（コンテナ）がいったん普及すれば，広範囲の利用者から上がる利益を独占に近い形で享受できる。そこに参入しようとする他社にとって，コンテナは障壁となる。コンテナを制する者が利益を享受するのである。

ただし，情報伝達にとどまらない，物やサービスの流通を仲介するビジネスの場合には注意が必要である。その場合の仕組みはコンテナの範疇を超え，**プラットフォーム**（platform）と呼ぶべきものである。自社のプラットフォームを普及させたときに享受できる利益は膨大である。一方で，仲介する物やサービスが不良品だった場合の対応措置は，コンテナを供給運営する場合以上に重要となる。例えば，通信販売のプラットフォームでは返品についての妥当かつ詳細な規約（ポリシー）を必ず設定している。

そのような観点で，近年おもに海外で一部社会問題にまでなっているのが個人間のサービスの仲介である。特に労働を仲介するプラットフォームは，二つの大きな問題をはらむ。一つは，直接対面する労働の場合，悪意ある労働提供者が入り込み犯罪すら起こす可能性である。返品という解決策はない。各提供者に対する評価を事前公開する仕組みによりある程度抑止できるが限界がある。二つ目は，そもそも労働の仲介は倫理や法に触れる可能性を含むという点である。プラットフォーム運営者が利益の大半を得る一方で，労働提供者は形式上個人事業主という弱い立場で結果的に法外な低賃金となる。労働提供者を正社員として管理し保護する責任を持つプラットフォームが望ましい。

15.2 メディア学と学際領域

メディア学は，別の学問分野と関連する**学際領域**（interdisciplinary field）となる分野を多く含む学問である。本節では現在のメディア学の周辺関連分野を紹介する。前節で示した過去から未来に向かうメディアの歴史を縦軸とすれば，現在の関連分野は横軸上に並ぶことになる。

情報はメディア学の基本的な探求対象の一つである。情報科学やコンピュータ科学との関係は強い。2章で示した内容はこれらの学問の入門編の一部となるものである。基礎知識を盤石にしたい読者には，コンピュータ分野の入門書で学修することを推奨する。2章の内容に加えて，論理回路，コンピュータアーキテクチャ，アルゴリズム，ソフトウェア工学などの概念を学ぶことが想定できる。例えばソフトウェア開発に興味があれば，プログラミングの学修だけでなく，ハードウェアやネットワークの基礎概念や知識を身に付けることが強みとなる[1),2)]。

コンテンツ制作分野を志向する読者は，デザイン学を深掘りすることが望ましい。デザインの基本的ルールを一通り知っておくことは必須である。レイアウトや色彩などに関する基礎知識も重要な素養である[3),4)]。近年は**デザイン思考**（design thinking）という概念が提唱されており，作品制作に限らず製品開発全般や各種問題解決で有用な実践技法として注目されている[5)]。

加えて，デザインの適用対象は組織運営や企業経営にも拡張されている[6)]。メディア社会で貢献する専門家を志す読者にとってもデザインの基本を知ることは有用である。

ユーザへのサービス提供に携わる専門家にとっては，人間心理を学ぶことも有益である。ユーザインタフェースやWebページのデザイン，ゲーム制作におけるレベルデザインなどは，ユーザ心理の的確な予測が重要な典型的業務といえる。

人間を対象とする分野では，生物学が関連する。例えば**VR**（virtual reality）や**AR**（augmented reality）の技術開発や技術活用にあたっては，ヒトの視覚や聴覚に関する特定の知識が必要となる場合がある。CGキャラクターのアニメーションを制作する場合はヒトの骨格や筋肉に関する詳細な知識や**キネマティックス**（kinematics）の概念を身に付けるべきである。

一方で，機械工学や電子工学の基礎的な素養を要する分野もある。インタラクティブメディアの研究開発においては，既存の装置にとらわれない機械装置を新たに考案したり電子部品を使った装置を製作したりすることもある。

情報の基本的かつ主要な形式であるテキスト，すなわち文字情報を扱う場合には言語学の素養が望まれる場合もある。情報伝達において人間に焦点を当てた**相互行為分析**（human interaction analysis）や**コミュニケーション分析**（language communication analysis）を実践するための基礎として言語学は重要である。

これら以外でも，メディア学に含まれる多くの専門分野において，既存の学問分野の基礎を合わせて修得することが必要となる。

さらに一般的に重要なのは，数学，統計学などの基礎的学問分野である。メディア学の広範囲な分野がそれら基礎学問を前提としている。例えば，データ処理や社会調査結果を扱う場合には統計学の裏付けが必須である。音声・音楽や画像やCGのメディア処理を行うプログラミングにおいて数学の知識は必要不可欠である。

15.3 メディア学の将来

15.1 節でメディアに関わる歴史的事象を取り上げ，15.2 節では現在のメディア関連分野を紹介した。本節では未来のメディア学について概観する。未来予測を提示するのではなく，読者のみなさんがメディアに関する未来のビジョンを想起するうえで参考になる考え方を提示して本書の締めくくりとする。

1 章の 1.4 節で，メディアの専門家の重要な役割がユーザにとっての価値の創造であることを述べた。価値創造において，長期または短期の将来を想像することはしばしば必要になる。未来ビジョンの想起というと大袈裟であるが，将来像を思い描くということであればその必要性は理解できるだろう。

一般に歴史を学ぶ主要な目的の一つは，現在および将来のための教訓とすることである。そのためには，15.1 節の四つの表で挙げた各項目のような事象を別個の事実と捉えるのではなく，因果関係を考えながら一連のつながりをつけて理解することが肝要である。

メディアの歴史についてそのような見方を深めてさらに調査することにより，近い将来または長期的になにが起こるかをより高い確度で予測できることになる。現在起こっている事象に対して，過去の例になんらかの類似の性質があることを見出すことができたとしよう。そして，その過去の例との因果関係でつぎになにが起きたかもわかったとしよう。その因果関係を現在の事象に当てはめれば，例えば 10 年後になにが起きるか見えてくる場合もある。

類似性について，表層的で見えやすい部分を捉えるだけでは，考察した結論も凡庸なものになることが多い。より抽象度の高い観点で深く洞察することによって，一見して類似していない二つの事柄の持つ共通点を見出すことができる。それにより得られる結論は，思いもよらないがじつはきわめて妥当なものとなるかもしれない。

なにが起こるかというのは漠然とした将来予測である。一方で，実務的には二択の予想が重要になる場合が多い。すなわち，なにか現在ある既存の技術あるいは現象に対して，将来それらが広まるか否か，主流になるか否か，という予想である。この場合も，各種の歴史的事実とその帰結を知って類推することが大いに役に立つ。

意外と頻繁に役立つのは，失敗の予想である。注目された発明や現象が普及するかどうか，過去の類似失敗例を知っていると，答えはNoであることがわかる場合が多い。失敗例は歴史に残らないため，このような判断はリアルタイムの観察経験の長年の蓄積に依存する。

もちろん，予想にあたっては過去の環境と現在の環境との大きな変化を考慮する必要がある。以前は失敗したと言っても，テクノロジーの進歩による環境（特に定量的なリソース）の変化により，今度は大成功するかもしれない。典型例は**ニューラルネットワーク**（neural network）である。1990年ごろに注目された際には普及しなかったが，2010年代になって**深層学習**（deep learning）として再度注目され，今度は相当普及している。コンピュータのメモリ容量や処理速度がケタ違いに大きくなったことが理由である。

将来予測に関してはつぎのような点にも留意しておきたい。ICT（情報通信技術）の分野では，きわめて新規なはじめての試みがされてもごく一部で注目されるだけである。そして20年ほど経過したときにその技術が爆発的に広まるという事例は多い。代表例は1969年のARPANET開始と1988年のインターネット商用サービス開始である。ニューラルネットワークも該当事例である。

このような傾向を踏まえれば，いまから5年後ぐらいに爆発的に広まるものは，現時点でなんらかの形でどこかで実現されて試用されている。そしてごく一部の人たちから強く注目されている可能性がきわめて高いということである。

情報技術発達の加速によって前述の20年という経過期間が半分の10年程度になる場合もあるだろう。特に表15.4で示したディジタルメディア環境の分野は，ベースになる情報インフラが整ったうえでの応用事例が多い。萌芽的なアイデアが世の中に広まるまでの期間は短い。

最後に，将来を展望するということに関して，二つの著名な言葉を紹介する。一つは1939年，テレビ実験放送が行われたころのニューヨークタイムズの評論記事である。

「テレビは，ラジオのようには普及しない。国民はなにもしないでただ箱をながめているほど暇ではないのである。」

もう一つは，現在のノートPCやタブレット端末の源流のアイデアとなる**ダイナブック**（Dynabook）[7]を提唱し実験的製作を行ったアラン・ケイ（Alan Kay）が1971年に述べた言葉である。

「未来を予測する最良の方法はそれを発明することである。」

演習問題

〔15.1〕 表15.1～表15.4の項目について，同じ表の中で時期が離れていても因果関係があると思われる二つの項目を挙げ，その理由を考察しなさい。

〔15.2〕 表15.1～表15.4の中から，表をまたいで関連性の深い二つの項目を見つけ出しなさい。

〔15.3〕 因果関係がある歴史的な二つの事象a, bを取り上げ，一方で現在のディジタルメディア分野で起こっていて事象aと類似する事象Aを取り上げなさい。Aが原因となって将来起こり得る事象Bとしてなにが予想されるか。事象aからbへの因果関係と類似した関連を推測して考察しなさい。

〔15.4〕 読者のみなさんが興味を持っている専門分野を一つ選び，まったく別の学問分野でなにが関連していると思われるか。15.2節で紹介した以外の学問分野も含め考察しなさい。

引用・参考文献

1章

1) 新村　出 編：広辞苑（第七版），岩波書店（2018）
2) 佐々木俊尚：2011年新聞・テレビ消滅，文藝春秋（2009）
3) J. W. ヤング 著，今井茂雄 訳：アイデアのつくり方，CCCメディアハウス（1988）

2章

1) G. E. Moore：Cramming More Components onto Integrated Circuits, Electronics, **38**, 8, pp.114-117（1965）

3章

1) 日本のレコード産業2019年版，日本レコード協会（2019）
2) Software Synthesizer Synth1　https://daichilab.sakura.ne.jp/softsynth
3) 後藤功雄：機械翻訳技術の研究と動向，NHK 技研 R&D, No.168, pp.14-25（2018）
4) 岩宮眞一郎：図解入門よくわかる最新音響の基本と仕組み（第2版），秀和システム（2014）
5) 青木直史：ゼロからはじめる音響学，講談社（2014）

4章

1) 加藤　宏：「視覚は人間の情報入力の80%」説の来し方と行方，筑波技術大学テクノレポート，**25**, 1, pp.95-100（2017）
2) J. K. Bowmaker, and H. J. A. Dartnall：Visual Pigments of Rods and Conesin a Human Retina, Journal of Physiology, **298**, pp.501-511（1980）
3) T. Nishita, T. W. Sederberg, and M. Kakimoto：Ray Tracing Trimmed Rational Surface Patches, Proc. ACM SIGGRAPH '90, pp.337-345（1990）
4) 末松良一，山田宏尚：画像処理工学（改訂版），コロナ社（2014）
5) コンピュータグラフィックス編集委員会：コンピュータグラフィックス，CG-ARTS協会（2004）

5章

1) 経済産業省：ニュースリリース 案内用図記号のJIS改正-2020年東京オリパラに向け，より円滑な移動を目指して（2017年7月20日）
2) 蒲田拓也：改訂ヒューマンインタフェース論，SCC（2018）
3) 中村聡史：失敗から学ぶユーザインタフェース，技術評論社（2015）

4）北原義典：イラストで学ぶヒューマンインタフェース，講談社（2011）

6 章

1）井関文一ほか：情報ネットワーク概論，コロナ社（2014）
2）戸根　勤：ネットワークはなぜつながるのか（第2版），日経 BP 社（2007）

7 章

1）デジタルコンテンツ協会：デジタルコンテンツ白書 2018（2018）
2）金子　満：映像コンテンツの作り方―コンテンツ工学の基礎―，ボーンデジタル（2007）
3）金子　満：メディアコンテンツの制作，財団法人画像教育振興協会（1998）

8 章

1）金子　満：映像コンテンツの作り方―コンテンツ工学の基礎―，ボーンデジタル（2007）
2）ポール・ウィーラー 著，石渡　均 訳：映画撮影術，フィルムアート社（2002）
3）高橋光輝，津堅信之 編：アニメ学，NTT 出版（2011）
4）栗原恒弥，安生健一：3DCG アニメーション　基礎から最先端まで，技術評論社（2003）
5）CG-ARTS 協会：デジタル映像表現―CG によるアニメーション制作―（改訂新版）（2015）
6）CG-ARTS 協会：入門 CG デザイン―CG 制作の基礎―（改訂新版）（2016）
7）S. D. キャッツ 著，津谷祐司 訳：映画監督術，フィルムアート社（1996）
8）経済産業省：平成 24 年度我が国情報経済社会における基盤整備事業（コンテンツ制作基盤整備事業）報告書，経済産業省（2012）
http://www.dcaj.or.jp/project/report/pdf/2012/dc_12_02.pdf

9 章

1）ヨハン・ホイジンガ 著，高橋英夫 訳：ホモ・ルーデンス，中央公論新社（1973）
2）ロジェ・カイヨワ 著，多田道太郎，塚崎幹夫 訳：遊びと人間，講談社学術文庫（1990）
3）遠藤雅伸，今野　誠：不完全情報ゲームにおいて戦略性を感じさせるゲームデザインに関する研究，日本デジタルゲーム学会第 9 回年次大会（2018）
4）R. Hunicke, M. Leblanc, and R. Zubek：MDA: A formal approach to game design and game research, Proceedings of the Challenges in Games AI Workshop, 19th National Conference of Artificial Intelligence（2004）
http://www.aaai.org/Papers/Workshops/2004/WS-04-04/WS04-04-001.pdf
5）ミハイ・チクセントミハイ 著，今村浩明 訳：フロー体験　喜びの現象学，

世界思想社（1996）
6）遠藤雅伸：企画力の基礎を作る「ラピッドプランニング演習」，日本デジタルゲーム学会 2013 年年次大会（2014）
7）中村隆之：ゲームアクションの手段目的構造を用いたゲームアイデア発想ワークショップ，日本デジタルゲーム学会 2015 度年次大会（2016）
8）ジェイン・マクゴニガル 著，妹尾健一郎 監修，藤本　徹，藤井清美 訳，竹山政直 解説：幸せな未来は「ゲーム」が創る，早川書房（2011）
9）井上明人：ゲーミフィケーション，NHK 出版（2012）
10）岸本好弘，三上浩司：ゲーミフィケーションを活用した大学教育の可能性について，日本デジタルゲーム学会 2012 年年次大会予稿集（2013）

10 章

1）デジタルコンテンツ協会：デジタルコンテンツ白書 2018（2018）
2）日本オーディオ協会
https://www.jas-audio.or.jp/hi-res/definition
3）電子情報技術産業協会（JEITA）
https://home.jeita.or.jp/page_file/20140328095728_rhsiN0Pz8x.pdf
4）コンサートプロモーターズ協会
https://www.acpc.or.jp/marketing/transition/
5）日本映画機械工業会：シネマ 100 年技術物語（1995）
6）日本映画テレビ技術協会：日本映画技術史（1997）
7）CG-ARTS 協会：デジタル映像表現―CG によるアニメーション制作―（改訂新版），（2015）
8）金子　満：映像コンテンツの作り方　コンテンツ工学の基礎，ボーンデジタル（2007）

11 章

1）A. トフラー 著，徳岡孝夫 訳：第三の波，中央公論新社（1982）
2）松村　明 監修：デジタル大辞泉，情報化社会，小学館
https://dictionary.goo.ne.jp/jn/110104/meaning/m0u/
3）スティーブ・ケース 著，加藤万里子 訳：サードウェーブ，ハーパーコリンズ・ジャパン（2016）
4）奥村洋彦：サードウェーブ　スティーブ・ケース著 新しい時代の変革　具体的に予測，日本経済新聞朝刊（2016 年 9 月 4 日）
https://style.nikkei.com/article/DGXKZO06843210T00C16A9MY5001/https://dictionary.goo.ne.jp/jn/110104/meaning/m0u/
5）人工知能学会：人工知能って何？
https://www.ai-gakkai.or.jp/whatsai/AIwhats.html

6) J. McCarthy：WHAT IS ARTIFICIAL INTELLIGENCE?（2007）
http://www-formal.stanford.edu/jmc/whatisai/whatisai.html
7) 総務省：人工知能（AI）研究の歴史，平成 28 年度版情報通信白書（2016）
https://www.soumu.go.jp/johotsusintokei/whitepaper/ja/h28/html/nc142120.html
8) シンギュラリティとは　AI が人知を超える転換点（きょうのことば），日本経済新聞（2019 年 1 月 1 日）
https://www.nikkei.com/article/DGXKZO39592240R31C18A2NN1000/
9) 総務省：ICT の進化と未来の仕事，平成 28 年度版情報通信白書（2016）
https://www.soumu.go.jp/johotsusintokei/whitepaper/ja/h28/html/nc140000.html
10) 松村　明 監修：デジタル大辞泉，ラッダイト運動，小学館
https://dictionary.goo.ne.jp/jn/229619/meaning/m0u/
11) 安達裕哉：「コンピュータに仕事が奪われる」は本当か，ハフィントンポスト（2014 年 2 月 23 日）
https://www.huffingtonpost.jp/yuuya-adachi/computer-working_b_4840771.html
12) 進藤美希らが行った青山学院大学大学院国際マネジメント研究科井田昌之教授へのインタビュー（2017 年 7 月 21 日実施）を参考に記述した。
13) 自動運転へ法律整う，日本経済新聞電子版（2019 年 5 月 28 日）
https://www.nikkei.com/article/DGXMZO45392230Y9A520C1EE8000/
14) 進藤美希：デジタル広告効果研究会報告・AI で広告はどう変わるか・本研究の結論と今後の課題，日経広告研究所報 302 号，Dec. 2018/Jan. 2019，pp. 13-15，日経広告研究所（2018）
15) Apple：Siri
https://www.apple.com/jp/siri/

12 章

1) 井上一郎：ソーシャルグッド，ウェブ広告朝日（2014）
https://adv.asahi.com/keyword/11053389.html
2) P. Kotler, H. Kartajaya, and I. Setiawan：Marketing 3.0: From Products to Customers to the Human Spirit, Wiley（2010）
3) 国際連合広報センター：「2030 アジェンダ」および「我々の世界を変革する：持続可能な開発のための 2030 アジェンダ」
https://www.unic.or.jp/activities/economic_social_development/sustainable_development/2030agenda/
4) 外務省：JAPAN SDGs Action Platform
https://www.mofa.go.jp/mofaj/gaiko/oda/sdgs/index.html
5) パナソニック：SDGs 達成に向けたパナソニックの取り組み
https://panasonic.net/sustainability/jp/lantern/commitments.html
6) 花王：ユニバーサルデザインの取り組み

https://www.kao.com/jp/corporate/sustainability/universal-design/
7) 進藤美希：コミュニティメディア，コロナ社（2013）
8) 朝日新聞社：知恵蔵（2007）
9) 集英社：イミダス（2007）
10) 美根慶樹ほか：グローバル化・変革主体・NGO，新評論（2011）
11) 国境なき医師団
https://www.msf.or.jp/
12) 非暴力平和隊・日本
https://np-japan.org/
13) Breaking Ground
https://breakingground.org/
14) NPO カタリバ
https://www.katariba.or.jp/
15) 経済産業省：ソーシャルビジネス研究会報告書（2008）
https://www.meti.go.jp/policy/local_economy/sbcb/sbkenkyukai/sbkenkyukaihoukokusho.pdf
16) JICA バングラデシュ事務所：グラミン銀行～進化する貧困層を対象に金融サービスを提供するビジネスモデル～
https://www.jica.go.jp/bangladesh/bangland/cases/case20.html
17) ユニクロ：グラミンユニクロ（バングラデシュ）
https://www.uniqlo.com/jp/sustainability/socialbusiness/grameenuniqlo/
18) Oxford Dictionaries Online：community
http://oxforddictionaries.com/definition/community
19) NTT 出版：communis
https://www.nttpub.co.jp/search/books/series/communis
20) 広井良典ほか：コミュニティ，勁草書房（2010）

13 章

1) 新聞協会・NIE（Newspaper in Education）：ニュースとはなにか
https://nie.jp/newspaper/news/
2) 猪俣征一：増補実践的新聞ジャーナリズム入門，信濃毎日新聞社（2016）
3) 小黒　純ほか：超入門ジャーナリズム　101 の扉，晃洋書房（2010）
4) 博報堂 DY メディアパートナーズ・メディア環境研究所：メディア定点調査 2019（2019）
5) 日本民間放送連盟：2019 年度のテレビ，ラジオ営業収入見通し（2019）
https://www.j-ba.or.jp/category/topics/jba102747
6) 日本新聞協会：新聞社の総売上高の推移（2018）
https://www.pressnet.or.jp/data/finance/finance01.php

7) 出版科学研究所：日本の出版統計（2018）
https://www.ajpea.or.jp/statistics/
8) J. ジャービス 著，夏目 大 訳・茂木 崇 監修・解説：デジタル・ジャーナリズムは稼げるか，東洋経済新報社（2016）
9) M. L. ハンター 編著，高嶺朝一，高嶺朝太 訳：調査報道実践マニュアル，旬報社（2016）
10) Cambridge Dictionary：fake news
https://dictionary.cambridge.org/dictionary/english/fake-news
11) 水谷瑛嗣郎：思想の自由市場の中のフェイクニュース，慶應義塾大学メディア・コミュニケーション研究所紀要 No.69（2019）
http://www.mediacom.keio.ac.jp/wp/wp-content/uploads/2019/04/0d765f0d401cba0450ecfea0a3277fc0.pdf
12) ITmedia NEWS（2018 年 5 月 14 日）：うどん屋「ドタキャン受けた」と Twitter 投稿 「気の毒」と拡散したが，店も加害者も架空
https://www.itmedia.co.jp/news/articles/1805/14/news058.html

14 章

1) 森本三郎：経営学入門，同文館（1982）
2) P. F. ドラッカー 著，上田惇生 訳：現代の経営，ダイヤモンド社（2016）
3) 日本学術会議・経営学分野の参照基準検討分科会：経営学分野の参照基準（2012）
http://www.scj.go.jp/ja/member/iinkai/daigakuhosyo/daigakuhosyo.html
4) 那須幸雄：AMA によるマーケティングの新定義（2007 年）についての一考察，文教大学国際学部紀要，**19**，2（2009）
5) P. コトラー 著，恩蔵直人 監修，月谷真紀 訳：コトラーのマーケティングマネジメント ミレニアム版（第 10 版），ピアソンエデュケーション（2001）
6) M. Conti, et al.：Looking Ahead in Pervasive Computing: Challenges and Opportunities in the Era of Cyber–Physical Convergence., Pervasive and Mobile Computing 8.1, pp.2-21（2012）
7) 国立情報学研究所：社会システム・サービス最適化のためのサイバーフィジカル IT 統合基盤の研究・サイバーフィジカルシステムによる新たな価値創造に向けて 平成 24 年度研究報告会（2012）
https://www.nii.ac.jp/userimg/20130222_H24cyberf.pdf
8) E. Stolterman, and A. C. Fors：Information Technology and the Good Life, Umea University, Information Systems Research Relevant Theory and Informed Practice, IFIP TC8/WG2（2004）
9) 経済産業省：デジタルトランスフォーメーションレポート（2018）
https://www.meti.go.jp/press/2018/09/20180907010/20180907010.html

10）渡邊恵太：融けるデザイン，BNN（2015）
11）J. Levy 著，安藤幸央 監修，長尾高弘 訳：UX 戦略，オライリージャパン（2016）
12）American Marketing Association
https://www.ama.org/
13）電通：日本の広告費 2008（2009）
https://www.dentsu.co.jp/news/release/pdf-cms/2009013-0223.pdf
14）電通：日本の広告費 2018（2019）
https://www.dentsu.co.jp/news/release/2019/0228-009767.html
15）博報堂 DY メディアパートナーズ「広告ビジネスに関わる人のメディアガイド 2017」宣伝会議（2017）
16）サイバーエージェント：サイバーエージェント，2018 年国内動画広告の市場調査を実施（2018）
https://www.cyberagent.co.jp/news/detail/id=22540
17）進藤美希，松本数実，土山誠一郎：動画広告における課題整理，日本広告学会第 47 回全国大会報告要旨集，pp.57-60（2016）
18）フィリップ・コトラー，ヘルマワン・カルタジャヤ，イワン・セティアワン 著，恩藏直人 監修，藤井清美 訳：コトラーのマーケティング 4.0，朝日新聞出版（2017）
19）宣伝会議アドタイ：ソーシャルグッドからの進化，カンヌ 2017 は「メイク・カンバセーション」へ― カンヌライオンズ 2017 レポート（2017）
https://www.advertimes.com/20170621/article253011/
20）資生堂：High School Girl? メーク女子高生のヒミツ
https://www.shiseido.co.jp/highschoolgirl/index.html

15 章

1）橋本洋志，小林裕之，天野直紀，中後大輔：図解 コンピュータ概論ハードウェア（改訂 4 版），オーム社（2018）
2）橋本洋志，菊池浩明，横田　祥：図解コンピュータ概論　ソフトウェア・通信ネットワーク（改訂 4 版），オーム社（2018）
3）坂本伸二：特別講義 デザイン入門教室，SB クリエイティブ（2015）
4）尾登誠一：色彩楽のすすめ，岩波アクティブ新書，岩波書店（2004）
5）ジャスパー・ウ，見崎大悟 監修：実践 スタンフォード式 デザイン思考 世界一クリエイティブな問題解決，インプレス（2019）
6）デイビッド・ハンズ 著，篠原稔和 監訳：デザインマネジメント原論―デザイン経営のための実践ハンドブック―，東京電機大学出版局（2019）
7）A. C. Kay：A Personal Computer for Children of All Ages,Xerox Palo Alto Research Center（1972）

※ URL は 2020 年 1 月現在のもの

演習問題解答

1章

〔1.1〕 （ヒント）作品やシナリオであれば，映画やドラマのタイトル名を挙げればよい。ニュースであれば番組名や具体的記事，案内であればCM作品や駅構内アナウンス，デザインであれば企業のロゴマークやアプリのアイコンなどが挙げられる。

〔1.2〕 例えば，アプリのアイコンというデザインであれば，コンテナは画像，コンベアはPCやスマートフォンであり，活用分野は当該アプリの目的によってあらゆる分野になる可能性がある。コンテナである画像のより具体的な形式として，各種画像ファイル形式のいずれかになっている（受け手には不明でよい）。

〔1.3〕 例えば，ディジタル機器としては，ゲーム機，タブレット端末，電子ブック端末，音楽（MP3）プレイヤーなど。それ以外として，映画，ポスター，看板，交通標識，駅構内放送，美術館，博物館，回覧板，掲示板，メーカーロゴ付きスポーツウェアなど。

2章

〔2.1〕 （ヒント）アナログ情報は記録媒体における物理量の大小（インクの量，磁化の程度など）によって表すのでその分量を再現しようとしても必ず少しは誤差が生じる。ディジタル情報の最小単位は0または1の二択しかないこと，電子的に保持複製すること，などを含めた考察により，正確に複製できることを論じればよい。

〔2.2〕 グラフ内の点と元の連続量の曲線との垂直方向の隔たり（距離）に相当する物理量が当該標本点における量子化誤差である。また，量子化誤差が最小になるのは左から3番目の標本点のデータである。

〔2.3〕 例えば，画像ならジェイペグ（jpg, jpeg）やビットマップ（bmp）など，音声ならmp4，wavなど，いずれも10種類以上は見つけられる。

〔2.4〕 データの読み書きの速度，衝撃に対する頑丈さ，価格，動作音などの観点で比較できる。

〔2.5〕 1画素は3 byte，1コマの画像の画素数は1 920 × 1 080，1秒間に30コマが標準で，600秒分になる。これらの数値を掛け算してバイト数を求め，1 024で3回割り算をする（ギガの単位にする）と，約104 GBとなる。

3章

〔3.1〕 母国語に現れる音素は，成長の過程で耳にすることにより，テンプレートと

して脳に保持されているため，比較が行いやすい。一方，外国語にはこのテンプレートに含まれない音素が存在するため，正確に聞き取ることができない。また，音素を正確に聞き取れない場合でも，単語や文のつながりについての知識が豊富にあれば，より確からしい言葉に補正することができる。しかし，外国語ではそうした言語知識が不十分なことも多く，補正が難しい。

〔3.2〕 ひらがな文字列から正しい音素列を得ることはさほど難しくない。しかし，音素列に韻律を付与するためには，言葉の意味などを使った高度な言語処理が必要である。もし漢字表示が存在しないと，同音異義語の意味を確定させることができず，合成した声の韻律が不自然になってしまうことがある。

〔3.3〕 ディジタルであれば伝送途中で雑音が混入しにくい。また，何度コピーしても劣化しないというメリットもある。一方で，コピーしても劣化しないため，コンテンツの違法コピーが行われやすくなるというデメリットがある。また，ディジタル情報のフォーマットが時代とともに変わってしまった場合，古いコンテンツが再生不可能になるおそれがある。

〔3.4〕 例えば，音について書かれた文書には，「声」「耳」「演奏」「話す」「聞く」「マイク」といった語が多く含まれるだろう。画像について書かれた文書には，「光」「色」「目」「映写」「見る」「テレビ」などの語が多く含まれると予想される。

4章

〔4.1〕 昼間の太陽の光は上方から届くので，空気の層を横断する距離は短い。なのでおもに空気の反射の影響を考えればよく，空気分子に反射されやすい青い光が多く見える。一方，朝や夕方の光は低い角度から届くので，空気の層を横断する距離が長い。そのため，反射により途中で散乱されてしまう青い光はあまり届かず，残った赤い光がおもに目に入る。

〔4.2〕 画像のサイズを 10 分の 1 に縮小するのは，縦横 10 ピクセルを単位としてモザイク処理を行うのと同等である。このとき，縦横 10 ピクセルの箱の中に入っていた詳細情報はすべて捨てられるため，元の画像に戻そうとしても，どう戻すべきかの情報がなく，ぼけたままにせざるを得ない。ただし，超解像と呼ばれる画像推定方式を使えば，ある程度は元に戻せる場合もある。

〔4.3〕 例えば，カメラの顔検出，駐車場のナンバー認識，スマートフォンの顔認証，自動運転（ブレーキアシスト）装置，工場の製品検査，郵便区分機など。

〔4.4〕 メガホンの小さい穴から景色を覗き見ている状況を思い浮かべてみよう。空間上のある点にカメラを置いた場合，その点を頂点とする円錐上にあるものは，頂点からの距離によらず同じ大きさに見える。これはつまり，近くにある小さいものと，遠くにある大きいものとが同じ大きさに見えるということである。

5章

〔5.1〕 例えば，ボタン，十字キー，キーボード，マウス，ジョイスティック，ハンドル，ペダル，カメラ，マイク，加速度センサ，GPS など。

〔5.2〕 一般には，十分な大きさがあれば，キーボードのほうが入力が早いことが多い。しかし，スマートフォンなどの小さい画面では，フリック入力のほうが早くて誤りも少ないと思われる。また，どちらについてもある程度の練習が必要であり，慣れているもののほうが慣れていないものよりも使いやすいことは間違いない。

〔5.3〕 本文で挙げたシャンプーボトルやピクトグラムのほかに，車椅子でも通りやすい通路や幅の広い改札口，視認性のよい配色やだれにでも見やすいユニバーサルデザインフォントの採用などがある。

〔5.4〕 例えば，項目を選択するのに，あるときはシングルクリック，あるときはダブルクリックが必要な Web サイト。×ボタンを間違って押すといきなりリプレイになってしまうゲームソフトなど。

6章

〔6.1〕 市内通話では，発信者から電話局と電話局から受信者の回線を確保すればよい。一方，市外通話では，発信側電話局から受信側電話局までの回線も確保する必要がある。また，交換機での接続のための機器のメンテナンスも必要になる。こうしたコストに見合うよう，市外通話が高い電話料金になっている。

〔6.2〕 例えば 270 MB の動画であれば，$270 \times 1\,024 \times 1\,024 = 283\,115\,520$ byte であり，これを 1 024 で割ると，約 28 万個のパケットが必要になる。

〔6.3〕 （ヒント）Windows であれば，コマンドプロンプトで ipconfig と打てば調べることができる。

〔6.4〕 （ヒント）フリーと名乗っていても，商用利用禁止，著者のクレジット明記などの条件が付いていることが多いので注意が必要である。海外のものでは，パブリックドメインと言って，こうした条件をまったく付けないものも多くある。

7章

〔7.1〕 （ヒント）代表的なものとして娯楽，報道，教育，情報などでも楽しんでもらう，悲しんでもらう，知ってもらうなどの分類でも構わない。映像作品がさまざまな役割を持つことを，例を挙げて説明できることが重要である。

〔7.2〕 （ヒント）放送・通信コンテンツ，パッケージコンテンツ，拠点型コンテンツの三つの違いを端的に説明できるまで身に付いているかを問う問題。視聴に

至るまでの経緯や，流通媒体の特性などを理解しているかを問う。

〔7.3〕 リニアコンテンツは時間軸が一方向に流れるコンテンツ，インタラクティブコンテンツはユーザの操作により展開されるコンテンツである。そのほか制作時点での注意点など理解できていればなおよい。

8章

〔8.1〕 実写の場合はシーンに応じた環境が重要である。雪が降るシーンや海水浴をそのままのシーズンで撮ろうと思うと，「時期を待つ」か「海外でロケ」「CGを利用」のいずれかを検討する必要がある。海水浴は場合によっては，冬でも撮影することがあるが，俳優やスタッフの健康管理に課題が残る。

〔8.2〕 強大さを表現するには下からあおるアングルが適している。ティルトと組み合わせ，下のほうから徐々にティルトアップしていくとさらに強大さを感じさせることができる。

〔8.3〕 （ヒント）無表情な表情にどのような感情を与えるかを考え，それにつながりそうな画像を用意することが大事である。食べ物を見せれば空腹，悲惨な状況を見せれば悲しみや怒りなどに見える。自分でさまざまな試すことが重要である。

9章

〔9.1〕 アゴンは「戦闘」「競争」，アレアは「敵の行動」「ガチャ」，ミミクリは「プレイヤーになりきること」，イリンクスは「体験」のような要素が含まれている。すべてが含まれているわけではなく，含まれていないこともある。

〔9.2〕 ゲームは明確なルールに基づく競技の側面が成立しやすいため，敵を倒すとか，早くゴールするなどルドゥスの要素を持つゲームが多くある。パイディアは，そうした勝負よりも異なる側面で遊ばせることのできるゲームで，育成ゲームや収集ゲームなどが挙げられる。

10章

〔10.1〕 （ヒント）屋内でも屋外でも，身の回りからはいろいろな音が聞こえてくる。それを感じ取り，理解することで映像でも再現ができる。また，自分の耳には届かなくても鳴っている可能性のある音は存在する。それらの音を歩き回りながら探り，表現する可能性のある音として理解しよう。

〔10.2〕 （ヒント）映像作品は現実で聞こえる音に加え，存在しない音も加えコンテンツとして成立している。また，本来聞こえる音であっても省略し聞かせたい音を視聴者に届ける。コンテンツの音を分析し現実の音と比較することで，空間の音をコンテンツで表現することとの差異を理解しよう。

〔10.3〕（ヒント）フォーリーは音響スタジオで代用品を用いて疑似的に効果音を作成する技法である。音は家庭にある身近なものでも生成可能であるため，イメージに近い音が出る素材や出し方などを工夫して，効果音制作のプロセスを理解しよう。

11 章

〔11.1〕『平成28年度版情報通信白書』[7] によると，現代につながるAIの研究は，1950年代に始まったが，これまで，第1次，第2次，現在の第3次ブームがあった。第1次ブームは，1950年代後半に起こった。コンピュータによる推論や探索ができるようになり，さまざまな問題に対する解を提示できるようになったことから，このブームが起こったとされる[7]。第2次ブームは，1980年代に起こった。コンピュータが推論するために必要な情報を，コンピュータが認識できる形で記述した知識を与えることで，AIが実用可能な水準に達し，多数のエキスパートシステム，すなわち，専門家のように振る舞うプログラムが生み出されたとされる[7]。第3次ブームは，2000年代に起こった。ビッグデータと呼ばれる大量で多様なデータを用いることでAIが知識を獲得する機械学習が実用化された。さらに，知識を定義する要素をAIが自ら得る深層学習が発展したことでブームが起こったとされる[7]。

〔11.2〕現在，AIは，身近なところでも広く活用されている。掃除ロボット，スマートフォンの音声応答アプリケーション，自動運転車などがある。例えば，スマートフォンの音声応答アプリケーションとしてiPhoneなどに搭載されているApple社のSiri[15] は，話しかけることで，調べたいことに答えてくれたり，メッセージを送ったり電話をかけたりしてくれる，パーソナルアシスタントとして，広く使われている。

〔11.3〕ラッダイト運動は，1810年代に起こった，職人や労働者による機械打ち壊し運動のことであり，その運動の指導者はネッド・ラッドであったと言われている[10]。個々の熟練工にとっては，産業革命は，失業という恐ろしい事態をもたらした反面，じつはこの時期のイギリスでは実質賃金が上昇し，利益が労働者に分配されていったという面もあった[11]。

〔11.4〕AIの深層学習の場合には，結果は出るがプロセスは説明できず，現行の法律における責任論の体系との親和性がないため，大きな問題になる[12]。
特に，事故が起こった場合の責任の所在が問題になるAIシステムとして，自動運転車が挙げられる。日本経済新聞によると，日本における自動運転車に関する法整備は，2019年5月までに，自動運転システムの使用に関する規定を新設した改正道路運送車両法と改正道路交通法が成立している。しかし，事故が起こった際にだれが責任を取るかといった問題や，補償の仕方については，個別の判断となり，今後の課題となった。そのため，システムの不具

合が事故原因であるときには，メーカー側が業務上過失致死傷罪などに問われる可能性がある。なお，事故が起こった場合，損害保険各社は従来の自動車保険の枠組みで保険金を支払う方針であると報道されている[13]。

12章

〔12.1〕SDGsとは「持続可能な開発目標（SDGs：sustainable development goals）」のことで，世界に存在する課題と，それらに関して達成すべき具体的な目標として，2015年の国連サミットでまとめられた。SDGsは2016年に正式に発効し，2030年までの15年間の国際目標となった。

〔12.2〕例えば，電機メーカー大手のパナソニックは，「7エネルギーをみんなにそしてクリーンに」という目標の達成に向けて，「ソーラーランタン10万台プロジェクト」に取り組んでいる。これは，パナソニックが専門とする照明や電池，ソーラーエネルギー技術を利用してソーラーランタンを開発し，電気が通っていない地域で暮らす人々の生活の向上に貢献しようとする活動である[5]。

〔12.3〕NGOとはNon-Governmental Organization 非政府組織のことであり，NPOとはNonprofit Organization 特定非営利活動法人のことである。NGOとNPOはともに政府機関ではなく，営利団体でもないところは共通している。

〔12.4〕（ヒント）NGOやNPO，もしくは，ソーシャルビジネスを実施する企業は，通常の企業のように，大学生の新卒一括採用をすることは多くはないため，最初の就職先としては，あまり一般的ではないかもしれない。給与もきちんと支払われるところもあれば，そうでないところもある。ゆえに，志を持った若い人であっても，こうした場で仕事をすることには困難を伴うことがある。しかし，社会貢献と利益を得ることは両立することもあり，その仕組みづくりから，挑戦してもらえればと考えている。

13章

〔13.1〕（ヒント）1日にどの程度，どんなデバイスに接しているかは，その人によって違いがあるが，博報堂DYメディアパートナーズ・メディア環境研究所[4]によると，生活者のメディア総接触時間（1日当たり，東京）は，テレビ153.9分，ラジオ25.0分，新聞16.6分，雑誌10.7分，パソコン59.0分，タブレット端末28.8分，携帯電話 / スマートフォン117.6分となっている。テレビ，ラジオ，新聞，雑誌の四つのマスメディアの合計接触時間は206.2分，パソコン，タブレット端末，携帯電話 / スマートフォンを合計したインターネットなどへの接触時間は205.4分である。生活者の全メディア接触時間411.6分に占めるインターネット等接触時間は49.9%となっている。

〔13.2〕（ヒント）ジャービス[8]が指摘するように，テレビのニュースは大げさで同じ

ことの繰返しや過度の単純化が多いということは事実かどうか，実際に見て，意見をまとめてみなさい。

〔13.3〕 小黒[3] によると，ジャーナリズムとは，「正確で，公正な情報を伝達して，社会を監視し，そのような情報に対する高い水準の分析，解釈，批判を通じて，民主主義社会の正当性の土台になる世論を形成し，私たちのために，知る権利を代行するという使命を持つ報道活動」のことである。一方，ジャービス[8] は，ジャーナリズムを，「人々の情報入手，そして情報整理を手助けする仕事で，コミュニティが知識を広げ，整理するのを手助けする仕事であり，ただなにかを知らせるだけでなく，なにかを主張するものである。」と定義している。正確で正しい情報を整理して伝え，人々のために尽くすことがジャーナリズムの使命であり，そうした役割は，インターネット中心の時代になっても，変わることなく必要とされる。しかし，新しいディジタル時代のジャーナリズムが必要とされてることもまた確かである。

〔13.4〕 例えば，2016年のアメリカ大統領選挙期間において，多くのフェイクニュースが出回った。日本においても2018年に，うどん屋を名乗るアカウントが「50人分の料理を用意したら，ドタキャンされた。国際信州学院大学の教職員のみなさん，二度と来ないでください。」というツイートがなされ，広く同情が集まったが，大学も，うどん屋も，すべて実在しないことがわかるといった事例があった[12]。

14章

〔14.1〕 ディジタルマーケティングとは，ディジタルを活用してマーケティング目的を果たす活動である。より詳しく検討すると，本書で考えるディジタルマーケティングとは，「サイバーフィジカルコンバージェンスが世界で進み，企業が，ディジタルトランスフォーメーションを図る中で，ユーザエクスペリエンス戦略を重視し，多様な先端技術を活用して展開する，次世代ビジネスの創造」のことである。

〔14.2〕 ディジタルトランスフォーメーション（DX）とは，一般に，「ディジタル技術によってビジネスを進化させること」を言う。DXに関する定義は多数ある。ストルターマン[8] は，DXを，「The digital transformation can be understood as the changes that the digital technology causes or influences in all aspects of human life.」であると述べている。経済産業省[9] は，DXの定義として，IDC Japanによる以定義，すなわち，「DXとは，企業が外部エコシステム（顧客，市場）の破壊的な変化に対応しつつ，内部エコシステム（組織，文化，従業員）の変革を牽引しながら，第3のプラットフォーム（クラウド，モビリティ，ビッグデータ／アナリティクス，ソーシャル技術）を利用して，新しい製品やサービス，新しいビジネスモデルを通して，ネットとリアルの両面

での顧客エクスペリエンスの変革を図ることで価値を創出し，競争上の優位性を確立することである」を資料で用いている。つまり，DXとは，ディジタル化，サイバーフィジカルコンバージェンスによってひき起こされた市場環境の変化により，企業が行うことを求められている，ビジネスモデル・経営戦略の革新や，ITシステム・マネジメントシステムの革新，マーケティング推進方法の革新，製品・サービスそのものディジタル化，それを実現するための組織能力の改革のことを指す。

〔**14.3**〕広告とは，アメリカマーケティング協会による定義では，「メッセージの中に識別可能な営利企業や営利組織または個人が，特定のオーディエンスに対して，製品，サービス，団体またはアイデアについて，伝達または説得をするために，さまざまな媒体を通して行う，有料の非人的コミュニケーション」とされている[12)]。広告は，具体的には，インターネット広告，テレビコマーシャル，新聞広告，雑誌広告，屋外広告など多様な形態で提供されている。

〔**14.4**〕動画広告にはさまざまあるが，例えば，資生堂 「High School Girl？メーク女子高生のヒミツ」[20)] は2015年に日本で非常に多くシェアされた動画広告である。この動画広告が印象的だった要因としては，メイクアップアーティストによる手仕事の高度な技が堪能できること，特殊撮影を行わずに撮影されているためリアリティと驚きがあることなどが挙げられる。

15章

〔**15.1**〕明らかな例として表15.2の「1897年ブラウン管の発明」と「1926年画像伝送実験」，あるいは表15.3の「1936年仮想計算機械」と「1940年代ディジタル計算機の発明」など。また，表15.4の「ARPANET」および「TCP/IP」が「商用インターネット」につながり，この表の後半のサービスすべてにつながっている。さらに，アラン・ケイ（「1972年ダイナブック提唱」）の研究所を見学したスティーブ・ジョブズがのちに「1984年マッキントッシュ」や「2008年iPhone」「2010年iPad」をヒットさせた。

〔**15.2**〕例えば，需要とそれを満たす発明の例として表15.1の「1963年3次元CG映像による可視化」と表15.3の「1981年ジオメトリーエンジン（3DCG処理の高速化）」が挙げられる。

〔**15.3**〕例えば，「1998年Google設立」を事象a，「2005年Googleマップ開始」を事象bとする。テキスト検索の会社が地図に事業拡大した。これはGoogle社の「世界中の情報を整理し人々が利用可能とする」という使命の具現化である。別の会社の初期ヒット商品を事象Aとし，その会社の掲げる使命を知れば，事象Bとして将来製品が予測可能である。

〔**15.4**〕略

索　　引

――著者略歴――

柿本　正憲（かきもと　まさのり）

1982年　東京大学工学部電子工学科卒業
1982年　株式会社富士通研究所勤務
1989年～90年　米国ブリガムヤング大学客員研究員（兼務）
1993年　株式会社グラフィカ勤務
1993年　株式会社ノバ・トーカイ勤務
1995年　日本シリコングラフィックス株式会社勤務
2005年　東京大学大学院情報理工学系研究科博士課程修了（電子情報学専攻）
　　　　博士（情報理工学）
2011年　シリコンスタジオ株式会社勤務
2012年　東京工科大学教授
　　　　現在に至る

大渕　康成（おおぶち　やすなり）

1988年　東京大学理学部物理学科卒業
1990年　東京大学大学院理学系研究科修士課程修了（物理学専攻）
1992年　株式会社日立製作所中央研究所勤務
2002年～03年　米国カーネギーメロン大学客員研究員（兼務）
2005年～10年　早稲田大学客員研究員（兼務）
2006年　博士（情報理工学）（東京大学）
2013年～15年　クラリオン株式会社勤務（兼務）
2015年　東京工科大学教授
　　　　現在に至る

進藤　美希（しんどう　みき）

1988年　東京女子大学文理学部英米文学科卒業
1988年　日本電信電話株式会社勤務
1996年　青山学院大学大学院国際政治経済学研究科修士課程修了（国際ビジネス専攻）
2005年　青山学院大学大学院国際マネジメント研究科博士後期課程修了（国際マネジメント専攻）
　　　　博士（経営管理）
2008年　東京工科大学准教授
2015年　東京工科大学教授
　　　　現在に至る

三上　浩司（みかみ　こうじ）

1995年　慶應義塾大学環境情報学部卒業
1995年　日商岩井株式会社勤務
1997年　株式会社エムケイ勤務
1998年　東京工科大学嘱託研究員（クリエイティブ・ラボプロデューサ）
2001年　慶應義塾大学大学院政策・メディア研究科修士課程修了
2005年　東京工科大学片柳研究所助手
2007年　東京工科大学講師
2008年　慶應義塾大学大学院政策・メディア研究科後期博士課程修了
　　　　博士（政策・メディア）
2012年　東京工科大学准教授
2016年　東京工科大学教授
　　　　現在に至る

改訂 メディア学入門
Introduction to Media Science（Revised Edition）

2013年3月13日　初　版第1刷発行　★
2016年1月15日　初　版第3刷発行
2020年4月10日　改訂版第1刷発行
2023年9月5日　改訂版第3刷発行

検印省略

著　者　柿本正憲
　　　　大淵康成
　　　　進藤美希
　　　　三上浩司
発行者　株式会社　コロナ社
　　　　代表者　牛来真也
印刷所　萩原印刷株式会社
製本所　有限会社　愛千製本所

112-0011　東京都文京区千石4-46-10
発行所　株式会社　コロナ社
CORONA PUBLISHING CO., LTD.
Tokyo Japan
振替00140-8-14844・電話(03)3941-3131(代)
ホームページ https://www.coronasha.co.jp

ISBN 978-4-339-02796-9　C3355　Printed in Japan　（松岡）